Heinrich Matthys

Medizinische Tauchfibel

Dritte, neubearbeitete Auflage

Mit 38 Abbildungen und 16 Tabellen

Springer-Verlag
Berlin Heidelberg New York Tokyo 1983

Prof. Dr. med. Heinrich Matthys
Ärztlicher Direktor
Medizinische Universitätsklinik
Abteilung Pulmologie
Hugstetterstraße 55, 7800 Freiburg i. Br.

ISBN-13:978-3-540-12378-1   e-ISBN-13:978-3-642-69067-9
DOI: 10.1007/978-3-642-69067-9

CIP-Kurztitelaufnahme der Deutschen Bibliothek
Matthys, Heinrich: Medizinische Tauchfibel / Heinrich Matthys. –
3., neubearb. Aufl. – Berlin ; Heidelberg ; New York ; Tokyo : Springer, 1983.
ISBN-13:978-3-540-12378-1

Das Werk ist urheberrechtlich geschützt. Die dadurch begründeten Rechte, insbesondere die der Übersetzung, des Nachdruckes, der Entnahme von Abbildungen, der Funksendung, der Wiedergabe auf photomechanischem oder ähnlichem Wege und der Speicherung in Datenverarbeitungsanlagen bleiben, auch bei nur auszugsweiser Verwertung, vorbehalten. Die Vergütungsansprüche des § 54, Abs. 2 UrhG werden durch die ‚Verwertungsgesellschaft Wort', München, wahrgenommen.

© by Springer-Verlag Berlin Heidelberg 1971, 1978, 1983

Die Wiedergabe von Gebrauchsnamen, Handelsnamen, Warenbezeichnungen usw. in diesem Werk berechtigt auch ohne besondere Kennzeichnung nicht zu der Annahme, daß solche Namen im Sinne der Warenzeichen- und Markenschutz-Gesetzgebung als frei zu betrachten wären und daher von jedermann benutzt werden dürfen.

Vorwort zur dritten Auflage

Für die Neuauflage wurde die Tauchfibel völlig überarbeitet und erweitert. So wurden neue Kapitel über wichtige Themen, wie z.B. über Tauchprobleme der Frauen, eingefügt. Insbesondere haben sich auch die Dekompressionstabellen, die ich Prof. Dr. med. A.A. Bühlmann in Zürich verdanke, gegenüber den früheren Auflagen geändert. Ihr Aufbau entspricht nun mit 3m Dekompressionsstufen dem der US-Navy Tabellen. Das System für repetitive Tauchgänge wurde für alle 4 Höhenlagen neu erarbeitet, und obwohl die Dekompressionszeiten in der Höhe kürzer geworden sind, sind die neuen Tabellen sicherer. Das Druckkammerverzeichnis für Deutschland und die Schweiz wurde auch auf den neuesten Stand gebracht, und schließlich wurde das Maßsystem generell auf das SI-System umgestellt, welches sich im Tauchsport (im Gegensatz zur Medizin) bereits gegen die alten Maßeinheiten für Druck etc. durchgesetzt hat.

Freiburg, Sommer 1983 H. Matthys

Geleitwort zur ersten Auflage

Das Sporttauchen findet immer mehr begeisterte Anhänger, und auch der stunden- bis tagelange Aufenthalt unter Wasser erhält für die Erforschung der Seen und Meere zunehmende Bedeutung. Das Tauchen ist aber mit Gefahren verbunden, und die Unfälle häufen sich insbesondere an den Zentren der weltweiten Unterwasseraktivität, so daß sich auch Ärzte, Versicherungen und Behörden vermehrt mit diesen Problemen beschäftigen müssen. Die Gefahren des Tauchens hängen eng mit den vielfältigen Reaktionen des menschlichen Organismus auf den Überdruck zusammen. Die Unfallverhütung setzt deshalb bei Tauchern und ihren Instruktoren die Kenntnis einiger fundamentaler Gegebenheiten des menschlichen Körpers sowie seiner Möglichkeiten, die gewohnte Atmosphäre zu verlassen und ohne Schaden wieder zurückzukehren, voraus. Die Tauchmedizin, ein Spezialzweig der Sport-, Arbeits- und Unfallmedizin, hat sehr enge Beziehungen mit der Atem- und Kreislaufpathophysiologie. Herr MATTHYS hat sich nicht nur als Atempathophysiologe einen Namen gemacht, er war auch bei zahlreichen Tieftauchversuchen des Druckkammerlaboratoriums der Med. Universitätsklinik Zürich beteiligt und hat als Taucherarzt die Selektion und Instruktion der ersten Tauchschwimmertruppe der Schweizer Armee maßgebend beeinflußt. So gaben persönliche Tauch- und Instruktionserfahrungen sowie die wissenschaftliche Arbeit in diesem Spezialgebiet nicht nur den Anstoß, sondern auch eine denkbar günstige Voraussetzung für die Gestaltung dieses Buches, das sich an Tauchsportler und Ärzte wendet und neben den theoretischen Grundlagen auch konkrete Anweisungen z. B. für Tauglichkeitsuntersuchungen, Dekompressionsvorschriften und Behandlung von Unfällen gibt.

A. A. BÜHLMANN

Inhaltsverzeichnis

Einleitung 1

Taucharten 4

   Tauchen im Unterseeboot (Panzeranzug) 4
   Tauchen mittels Atemanhalten 5
   Schnorchelschwimmen 5
   Gerätetauchen 5

Physikalisch-physiologische Gesetzmäßigkeiten 7

   Zusammensetzung der Luft 7
   Druckeinheiten 7
   Barometerdruck 8
   Über- oder Relativdruck 9
   Absolut- oder Gesamtdruck 9
   Gasgesetze 9
      Gesetz von BOYLE-MARIOTTE 9
      Gesetz von DALTON 12
      Gesetz von HENRY 12
   Wasser 14
      Einfluß auf die Körperschwere 14
      Änderungen des Sehvermögens 15
      Änderungen des Hör- und Sprechvermögens 16
      Änderung der Temperaturempfindung 17
   Atmung 18
   Blutkreislauf 20
   Sauerstoff- und Luftverbrauch 20
   Luftgefüllte Hohlräume des Körpers 21
      Schädelhöhlen 21
      Lunge 22
      Magen-Darm-Trakt 23
   Besonderheiten verschiedener Druckbelastungen 25
      Apnoetauchen 25
      Schwimmen und Tauchen mit dem Schnorchel 26
      Helmtauchen 28

Tauchen mit Lungenautomaten (Froschmann) 29
U-Boot, Notaufstieg 29
Caissonarbeit und Überdrucktherapie 30
Tauchen in Bergseen 31
Fliegen und Tauchen 31

Unfälle und Schädigungen beim Tauchen 33

Ertrinken 33
  Süßwasseraspiration 33
  Salzwasseraspiration 33
  „Trockenes" Ertrinken 34
  Immersionsschock 34
  Tod im Wasser 34
  Tod nach Wiederbelebung 35
Barotraumen 35
  Mittelohr und äußerer Gehörgang 35
  Brillen- und Nasenraum 39
  Warzenfortsatzzellen 40
  Stirnhöhlen 41
  Kieferhöhlen 41
  Siebbeinzellen und Keilbeinhöhle 41
  Zähne 42
  Lungen (Pneumothorax, Haut- und
  Mediastinalemphysem) 43
  Magen-Darm-Trakt 45
  Haut (Trockentauchanzüge) 45
Dekompressionsunfälle (Druckfallkrankheit) 46
  Primär leichte Unfälle 47
    Gelenke, Muskeln und Knochen („Bends") 47
    Haut („Taucherflöhe") 48
  Primär schwere Unfälle 48
    Zentralnervensystem 48
    Atmung und Kreislauf (primäre Gasembolie) 48
  Sekundäre Gas- und Fettembolien 48
  Innenohrschädigung 49
Atemgasbedingte Gefahren 49
  Tiefenrausch (Stickstoff-Inertgasnarkose) 50
  Sauerstoffvergiftung 50
  Sauerstoffmangel 52
  Kohlendioxydvergiftung 52
  Kohlenmonoxydvergiftung 53
  Ölvergiftung 54

Psychische Fehlreaktionen 54
   Panikerscheinungen 54
   Hyperventilationssyndrom 55
Temperaturbedingte Gefahren 55
   Kälteschäden 56
   Wärmestauung 57
Verletzungen durch Pflanzen und Tiere 58
Tauchprobleme von Frauen 58

Körperhygiene und Ernährung 60

Entzündung des äußeren Gehörgangs 60
Hautinfektionen 60
Eß- und Trinkgewohnheiten 61

Erste Hilfe 63

Bergung aus dem Wasser 63
Beurteilung der Lebensfunktionen 64
Lebensrettende Sofortmaßnahmen 65
   Lagerung bei Bewußtlosigkeit 65
   Beatmung 67
   Herzmassage 68
Tauchunfallmeldung 71

Behandlung von Tauchunfällen (für den Arzt) 72

Allgemeine Regeln 72
Ertrinken 73
Barotraumata 75
Dekompressionsunfälle 78
Dekompressionsunfälle mit Nervensymptomen nach
Lufttauchgängen in 10–50 m Tiefe 78
Dekompressionsunfälle mit Nervensymptomen nach
Lufttauchgängen in mehr als 50 m Tiefe 80
Therapie von Nervensymptomen nach mehr als 48 Stunden .. 81
Dekompressionsunfälle mit Haut-Muskel-Gelenks- und
Knochensymptomen 82
Sauerstoffvergiftung 84
Unterkühlungen 85
Tauchmedizinisches Rettungsmaterial 87
Medizinische Prüfung der Tauchtauglichkeit 88

Austauchregeln (Dekompressionsregeln) 98
   Zweck der Dekompression 98
   Grundlagen der vorliegenden Tabellen 98
   Allgemeine Regeln 99
   Einzeltauchgänge 99
      Nullzeiten (no decompression stops) 0–700 ü. M. 99
      Dekompressionsstufen (decompression stops) 102
   Repetitiv-Tauchgänge 104
      Nach Tauchgängen innerhalb der Nullzeiten 104
      Nach Tauchgängen mit Dekompressionshalten 105
      Stufenweises Abtauchen 105
      Oberflächenintervall mit Atmung von 100% O_2 106
      Änderung der Höhenlage zwischen zwei Tauchgängen 106
      Flugreisen 107
      Tauchen in Bergseen 107
      Außergewöhnliche Tauchgänge 108

Dekompressionstabellen 109

Dekompressionstabellen des Druckkammerlaboratoriums Zürich für Luftatmung 110
   0–700 m ü. M. (760–700 Torr) 110
   701–1500 m ü. M. (699–635 Torr) 115
   1501–2500 m ü. M. (634–596 Torr) 118
   2501–3500 m ü. M. (595–560 Torr) 121
   Oberflächenintervalltabelle 124
   Zeitzuschlagtabelle für Repetitivtauchgänge 124

Druckkammerverzeichnis für Deutschland und die Schweiz 125

Literaturverzeichnis 151

Sachverzeichnis 153

Einleitung

Als Beruf und als Sport hat das Tauchen seit dem zweiten Weltkrieg ständig an Bedeutung gewonnen. In der Bundesrepublik sind heute über 20 000 und in der Schweiz über 5 000 Männer und Frauen in Unterwassersportvereinen organisiert. Mit der Gewinnung von Mineralien, Erdöl usw. aus den Schelfmeergebieten unserer Kontinente, die kaum tiefer als 200 Meter sind, hat man bereits in größerem Umfang begonnen. Hierfür werden Menschen benötigt, die tagelang unter Wasser oder in Unterwasserhäusern (Überdruckkammern) leben. Aber auch Archäologen, Zoologen, Geologen, Höhlenforscher usw. bedienen sich immer mehr des Tauchgerätes, um ihre wissenschaftliche Neugier zu stillen. Die Militärs träumen seit dem Altertum von Unterwasserkämpfern, aber erst seit dem zweiten Weltkrieg hat der Kampftaucher z. B. für Kommandoaktionen oder Minenräumung größere praktische Bedeutung erlangt.

Es gibt verschiedene Möglichkeiten, um in die Wassertiefe vorzudringen. Nackt und ohne technische Hilfsmittel wurde schon Jahrtausende vor Christus nach Perlen, Schwämmen, Muscheln und Korallen getaucht. Die erste Taucherglocke soll ALEXANDER DER GROSSE unter Aufsicht von DIOGENES und ARISTOTELES im Jahre 327 vor Christus bestiegen haben, um die Geheimnisse des Meeres zu erforschen. Diese Art des Tauchens, unter dem der Tiefe entsprechenden Überdruck, führte im vergangenen Jahrhundert zur Entwicklung der sogenannten „Caissons", mit deren Hilfe Unterwasserarbeiten im Trockenen ausgeführt werden können. Damit traten auch die ersten Tauchunfälle und Krankheiten in größerer Zahl auf, denen die Ärzte bis zu den grundlegenden tauchmedizinischen Arbeiten des Franzosen PAUL BERT und des Engländers HALDANE ratlos gegenüberstanden.

Die Idee des Unterseebootes ist ebenfalls recht alt. In ihm ist der Mensch nicht dem Wasserdruck ausgesetzt, und die physiologischen Probleme waren dementsprechend einfacher zu lösen. Schon Gelehrte der Renaissance befaßten sich mit der Konstruktion von Tauchbooten (LEONARDO DA VINCI, BORELLI usw.), sie scheiterten aber an den technischen Möglichkeiten ihrer Zeit. Zwei Schweizern, Vater und Sohn PICCARD, blieb es vorbehalten, mit diesem Tauchprinzip erstmals bis in die größten Wassertiefen unserer Erde vorzustoßen (Marianengraben – 10160 m).

Der Panzertaucher (Galeazzi-Taucher) lebt unter den gleichen Bedingungen wie eine U-Boot-Mannschaft. Wegen seiner Schwerfälligkeit und Unbeweglichkeit hat er erst heute wieder computergesteuert grosses Interesse gefunden.

Das Überdrucktauchen mit einem Helmanzug, der von oben mit Preßluft versorgt wird, wurde ebenfalls schon im letzten Jahrhundert entwickelt. Viele technische Varianten dieser Tauchmethode sind seither entstanden und teilweise noch heute in Gebrauch. Die Erfindung des Lungenautomaten durch den Franzosen LE PRIEUR erlaubte das freie von der Oberfläche unabhängige Unterwassertauchen und führte zur gewaltigen Breitenentwicklung des Tauchsports.

Das Taucherbild von heute, der Froschmann, ist vor allem den Arbeiten von JACQUES Y. COUSTEAU, CONRAD LIMBAUGH und HANS HASS, jedem auf seine Weise, zu verdanken.

Ganz andere Probleme, die hier keine Erwähnung finden, stellt das im Notfall erforderliche Auftauchen aus gesunkenen U-Booten, mit deren Lösung sich insbesondere die amerikanische und englische Marine beschäftigte.

Die Entwicklung neuer Methoden für das Tieftauchen mittels Sauerstoff-Heliumgemischen wurde anfangs der 60er Jahre entscheidend von den Schweizern KELLER und BÜHLMANN gefördert. Doch schon in den zwanziger Jahren unseres Jahrhunderts entwarf der Engländer DAVIS Unterwasserhäuser, Tauchexpeditionen von LINK, COUSTEAU und BOND haben erste tage- und wochenlange Erfahrungen mit „Unterwasserhäusern" gebracht, aus denen die Taucher beliebig oft ins Meer aussteigen konnten.

Trotzdem sind die Wassertiefen ein dem Menschen feindliches Element geblieben. Das Vordringen in diesen ihm wesensfremden Lebensraum führt zwangsläufig zu Unfällen und Krankheiten, mit denen sich Taucher, aber auch Ärzte gründlich befassen müssen, damit sie in Gefahrensituationen rechtzeitig und adäquat handeln können. Schwere Tauchunfälle führen zu einer akuten Schädigung vitaler Lebensfunktionen, bei denen Sekunden entscheiden und jede Hilfe zu spät kommt, wenn der Arzt nicht schon am Unfallort bereitsteht und entsprechende Maßnahmen getroffen werden. Infolgedessen muß auch der Taucher selbst die wichtigsten lebensrettenden Sofortmaßnahmen verstehen und beherrschen.

Ziel dieses Abrisses ist es daher, dem Laien und auch dem tauchmedizinisch nicht ausgebildeten Arzt einen Einblick in die physikalischen und physiologischen Vorgänge und Möglichkeiten beim Tauchen zu geben. Lebensrettende Sofortmaßnahmen wie z.B. Freilegung der Atemwege, richtige Lagerung, Mund-zu-Nase-Beatmung, äußere Herzmassage können jedoch nicht aus Büchern, sondern nur unter kundiger Leitung in Samaritervereinen, Lebensrettungsgesellschaften, insbesondere jedoch in zivilen und militärischen Tauchschulen erlernt werden.

Ich bin immer wieder erstaunt, wie in Sporttauchzentren, aber auch beim beruflichen Tauchen (Nordsee), Unfälle entweder aus Mangel an tauchmedizinischem Verständnis und oder ungenügendem Rettungsmaterial (Überdruckkammer) zu Todesfällen oder mindestens lebenslänglichen Schädigungen (Lähmungen) führen. Auf 100 000 Tauchgänge ereignen sich ca. 100 schwere Unfälle wovon ca. 5–10 tödlich verlaufen. Was in den ersten Minuten und Stunden am Unfallort von Tauchkameraden und Ärzten versäumt wird, führt bei Menschen, die einen Dekompressionsunfall erlitten, auf dem Transport in Flugzeugen ohne Überdruckkammer noch zu zusätzlichen Schädigungen. Der Spezialist kommt dann meist zu spät und kann einmal Versäumtes nicht mehr gutmachen. Möge dieses, sich an die tauchmedizinisch nicht geschulten Ärzte und Laien wendende Buch Überdruckunfälle bei Sport, Arbeit sowie hyperbarer Therapie lindern und mindern helfen.

Taucharten

Unter physiologischen Gesichtspunkten lassen sich vier verschiedene Tauchmethoden unterscheiden:

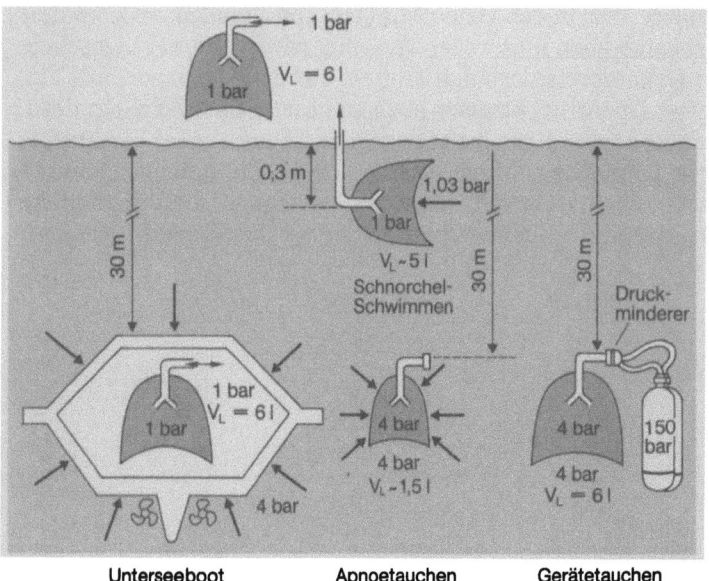

Abb. 1. Einfluß der vier verschiedenen Taucharten auf die Lunge. V_L Lungengasgehalt in Litern

Tauchen im Unterseeboot (Panzeranzug)

In einem Unterseeboot oder einer entsprechend druckfest ausgebauten Unterwasserkammer oder Panzeranzug (Galeazzi-Tauchanzug) herrscht Normaldruck, d. h. der das Boot umgebende Wasserdruck wird von druckfesten Stahlwänden aufgenommen und unser Körper erfährt daher keine Druckbelastung. Selbstverständlich kann man aus einem solchen Boot unter Wasser nicht ohne weiteres aussteigen. Das im Notfall erforderliche Aufsteigen aus gesunkenen U-Booten stellt besondere tauchmedizinische Probleme und ist nur mit einer funktionstüchtigen Druckschleuse und aus relativ geringen Tiefen (~ 40 m) möglich.

Tauchen mittels Atemanhalten

Man spricht auch vom freien oder „Apnoe-Tauchen". Darunter versteht man das Tauchen ohne Atemhilfsmittel. Diese Tauchart wird als Sport und Beruf (Perlentauchen, Korallentauchen, Unterwasserjägerei) bereits seit Jahrtausenden praktiziert. Von Geübten sind bei Aufenthaltszeiten von 1–2 Minuten Tiefen von 20–30 m gefahrlos zu erreichen. Der Weltrekord im Apnoe-Tauchen liegt heute bei 100 m Tiefe. Dabei wird vor allem der lufthaltige Brustkorb durch den umgebenden Wasserdruck beim Abtauchen erheblich zusammengedrückt (siehe Abb. 1, 3a und 11).

Schnorchelschwimmen

Apnoetauchen und Schnorchelschwimmen gehört zur Grundausbildung jedes Tauchers. Um die Sicht unter Wasser zu verbessern, trägt man eine Taucherbrille. Sie erlaubt, sofern man durch ein nach oben ragendes, in den Mund eingeführtes Rohr (Schnorchel) atmet, das Wasser und den Grund bequem zu beobachten. Zur schnelleren Fortbewegung dienen Schwimmflossen. Durch einen Schnorchel atmend kann man sich jedoch nur wenige Zentimeter unter die Wasseroberfläche begeben, da er aus noch zu erläuternden medizinischen Gründen nicht länger als etwa 30 cm sein darf.

Taucherbrille, Schnorchel und Schwimmflossen sind die Grundausrüstung für jeden Tauchlehrgang.

Gerätetauchen

Sowohl beim Tauchen mit dem Helm als auch mit Atemgeräten (sog. Lungenautomaten) wird das Atemgas unter dem der jeweiligen Tauchtiefe entsprechenden Druck ventiliert. Der Körper erfährt aus diesem Grunde keine mechanischen Druckeinwirkungen. Jedoch führt der erhöhte Teildruck der Atemgase beim Überschreiten gewisser Tiefen zu einer gefährlichen biologischen Aktivität.

Als Atemgas dient für geringere Tiefen meistens Luft (bis ca. 50 m), für größere Tauchtiefen bevorzugt man Sauerstoff-Helium-Gemische, evtl. mit Zusätzen von Stickstoff. Für militärische Zwecke kommen oft sogenannte geschlossene Kreislaufgeräte mit reiner Sauerstoffatmung und CO_2-Absorption zur Anwendung. Ihr Vorteil besteht darin, daß der Taucher sich durch aufsteigende Luftblasen nicht verrät. In Tiefen über 15 m besteht allerdings die Gefahr einer akuten Sauerstoffvergiftung (siehe auch atemgasbedingte Gefahren).

Für das Tieftauchen bis 300 m und mehr finden heute nur noch verschiedene, der Tauchtiefe angepaßte, Helium-Sauerstoffgemische Verwendung.

Physikalisch-physiologische Gesetzmäßigkeiten

Zusammensetzung der Luft

Die Zusammensetzung der Luft ist auf der Erde überall bis in größere Höhen praktisch konstant. Die atmosphärische Luft besteht aus 79% Stickstoff (inkl. 0,9% Argon), 21% Sauerstoff*.

Druckeinheiten

Der Druck ist definiert als Kraft pro Fläche. Je nach der Einheit, in welcher wir die Kraft und die Fläche ausdrücken, ergibt sich für ein und denselben Druck eine andere Maßzahl. In der Tauchmedizin und Technik sind die folgenden Druckeinheiten (Maßzahlen) üblich:

Tabelle 1. Verschiedene Druckeinheiten

1 Pa	$= 1$ Newton/m$^2 = 10^{-5}$ bar
1 kPa	$= 10^3$ Pa $= 10$ m bar
1 bar	$= 100$ kPa $= 10^5$ Pa $= 750$ mmHg
735 mmHg	$\cong 10$ m Süßwassersäule $\cong 0,98$ bar
	$\cong 1$ kp/cm$^2 = 1$ technische Atmosphäre $= 1$ ata
760 mmHg	$\cong 1$ physikalische Atmosphäre $= 1$ ATA $= 1,013$ bar
	$\cong 1,0333$ kp/cm$^2 = 1$ Normalatmosphäre
	$\cong 10$ m Seewassersäule (30 g NaCl/l) $\cong 1$ bar
	$\cong 29,9$ inch Quecksilbersäule
	$\cong 34$ Fuß Süßwasser
	$\cong 33$ Fuß Salzwasser
	$\cong 14,7$ engl. Pfund/inch^2

Als neue Maßeinheit für den Druck finden in der Europäischen Gemeinschaft (EG) ab 1978 nur noch das Pascal (Pa) und das mili bar sowie Tausendfache davon (kPa, bar) Verwendung.
1 Technische Atmosphäre (1 ata) entspricht dem Druck, den 1 kg Gewicht (kp) auf 1 cm^2 Fläche ausübt.

---

* Genaue Zusammensetzung s. Documenta Geigy, Wissenschaftliche Tabellen, Redaktion K. DIEM und C. LENTNER, CIBA-GEIGY Ltd., Basel/Schweiz, 7. Aufl., 1977.

Eine 10 m hohe Süßwassersäule übt einen Druck von 98 kPa oder 0,98 bar aus. Das Meerwasser ist je nach Salzgehalt 3–4% schwerer als Süßwasser. Aus diesem Grunde entsprechen 10 m Meerestiefe einem etwas höheren Druck, nämlich ca. 100 kPa oder 1 bar.

Barometerdruck (Abb. 2)

Der Barometer- oder Luftdruck, auch atmosphärischer Druck genannt, kommt durch das Gewicht der über uns lastenden Luftsäule zustande. Da unser Körper mit dem gleichen Gasdruck gesättigt ist, verspüren wir diese Druckbelastung nicht. Der Luftdruck nimmt mit zunehmender Höhe über dem Meer ab. Dementsprechend verringert sich auch der Gasdruck in unserem Körper. Diesem Sachverhalt ist besonders beim Tauchen in Bergseen Rechnung zu tragen.

Der italienische Physiker TORRICELLI hat 1643 den Luftdruck erstmals mittels einseitig verschlossenen, mit Quecksilber gefüllten Glasrohren, die er in ein Quecksilberbad umstülpte, gemessen. Auf Meereshöhe maß er im Mittel eine 760 mm hohe Quecksilbersäule. Später stellte er fest, daß der Luftdruck in einer bestimmten Höhe auch vom Wetter abhängig ist. Das erste Barometer war erfunden. Die Steighöhe von 1 mm Quecksilbersäule (1 mm Hg) nennt man daher zu seinen Ehren auch 1 Torr(icelli). Den mittleren Luftdruck auf Meereshöhe sog. Barometerdruck nennt man *Normaldruck* und definiert ihn als die Quecksilbersteighöhe von 760 mm welche auf Grund des spezifischen

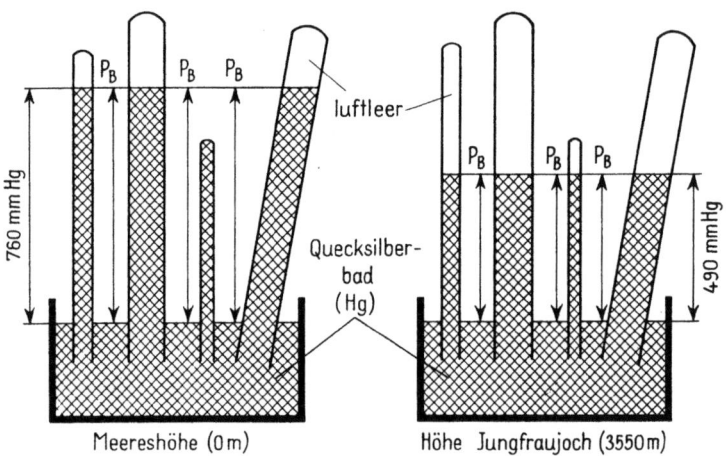

Abb. 2. Versuch von TORRICELLI (1643). P_B Barometerdruck

Gewichts von Quecksilber (13,6 g/cm³) der physikalischen Druckeinheit von 1013 mbar = 1,013 bar entspricht (s. auch Tabelle 1. Verschiedene Druckeinheiten).

Über- oder Relativdruck

Mit technischen Druckmessern (Manometern) mißt man oft eine Druckdifferenz gegenüber dem tatsächlich herrschenden Barometerdruck oder Normaldruck. Diese Druckdifferenz bezeichnet man als Überdruck (über dem Normaldruck oder aktuellen Barometerstand liegender Druck). Beträgt sie 1 bar, so spricht man von einem bar-Überdruck. Auch die Tiefenmesser, die meistens nichts anderes als in Metern Süß- oder Salzwasser geeichte Manometer sind, messen den Wasserdruck gegenüber dem Barometerdruck und müssen daher stets dem aktuellen Luftdruck an der Wasseroberfläche angepaßt werden (0-Punkteinstellung). Mißt man den Umgebungsdruck aber gegenüber dem absoluten Vakuum wie das Barometer so spricht man von Absolut- oder Gesamtdruckmessung.

Absolut- oder Gesamtdruck

Beim Tauchen sind wir zusätzlich zum Luftdruck noch dem Druck der über uns lastenden Wassersäule ausgesetzt. Tauchen wir z. B. auf Meereshöhe Luftdruck 1,013 bar (Normaldruck 760 mm Hg) in einem Süßwassersee 10 m tief, so stehen wir unter einem gesamten oder absoluten Gasdruck von 1,013 bar (Luftdruck) + 0,98 bar Wasserdruck = 1,993 bar. Würden wir in dem 1 800 m über dem Meer gelegenen Silsersee (Luftdruck 0,8 bar) ebenfalls 10 m tief tauchen, so betrüge der absolute Gasdruck in unserem Körper 0,8 + 0,98 = 1,78 bar.

Für das Berechnen von Dekompressionstabellen und das praktische Tauchen sind die Druckdifferenzen (Tauchtiefe – Wasseroberfläche) und der Luftdruck an der Oberfläche (Barometerdruck) von entscheidender Bedeutung.

Gasgesetze

Gesetz von BOYLE-MARIOTTE (Abb. 3 a)

Versenken wir einen lufthaltigen, unten offenen, 6 Liter fassenden Zylinder im Meer, der Barometerdruck und 10 m Wassertiefe sollen der Einfachheit halber 1 bar betragen, so beobachten wir folgende Volumenänderungen:

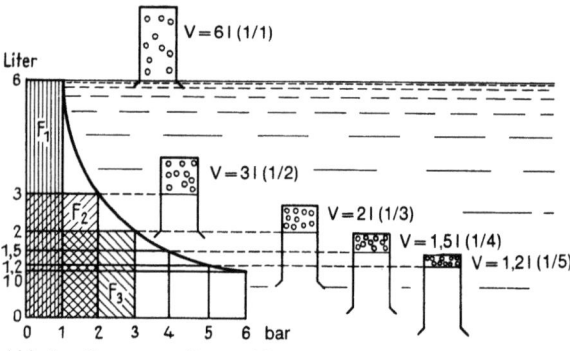

Abb. 3 a. Gesetz von BOYLE-MARIOTTE

0 m Tiefe = 1 bar, Luftvolumen im Zylinder V = 6 l
10 m Tiefe = 2 bar, Luftvolumen im Zylinder V = 3 l
20 m Tiefe = 3 bar, Luftvolumen im Zylinder V = 2 l
30 m Tiefe = 4 bar, Luftvolumen im Zylinder V = 1,5 l
40 m Tiefe = 5 bar, Luftvolumen im Zylinder V = 1,2 l

Fläche F_1 = 1 bar × 6 l = Fläche F_2 = 2 bar × 3 l usw. = konstant

An der Oberfläche herrscht ein Luftdruck von 1 bar. Das Luftvolumen im Zylinder beträgt seiner Größe entsprechend 6 l.

In 10 m Tiefe herrscht ein Gesamtdruck von 2 bar (1 bar Wasserdruck + 1 bar Luftdruck). Das Luftvolumen (V) im Zylinder beträgt noch die Hälfte des Ausgangsvolumens, V = 3 l.

In 40 m Tiefe herrscht ein Gesamtdruck von 5 bar = 4 bar Wasserdruck + 1 bar Luftdruck. Das Luftvolumen im Zylinder beträgt noch ein Fünftel des Ausgangsvolumens, V = 1,2 l.

Diese Gesetzmäßigkeit zwischen Druck und Volumen eines Gases wurde 1703 von BOYLE und MARIOTTE entdeckt. Sie läßt sich mathematisch wie folgt formulieren:

Druck × Volumen = konstant,

d.h., wenn die Temperatur eines Gases sich nicht ändert, so ist das Produkt aus Gesamtdruck und Volumen einer bestimmten Gasmenge (Molekülzahl) stets gleich groß.

Mit dieser Formel können wir z. B. berechnen, wieviel Luft in einer 10-l-Stahlflasche, die mit einem Überdruck von 150 bar entsprechend einem Gesamtdruck von 151 bar gefüllt ist, Platz hat.

$$151 \text{ bar} \times 10 \text{ l} = 1 \text{ bar} \times x \text{ l},$$
$$x = \frac{1510}{1} = 1510 \text{ l}.$$

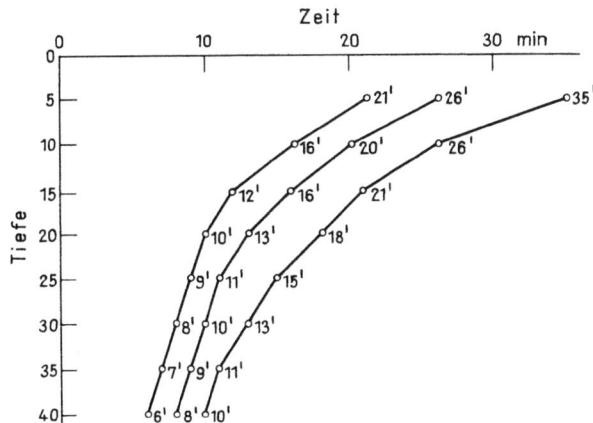

Abb. 3b. Luftverbrauch (Atemminutenvolumen) und Aufenthaltszeiten in verschiedenen Tiefen mit einem Tauchgerät von 1600 l Nutzfüllung bei 1 bar Luftdruck, z. B. zwei 8-l-Flaschen zu 150 bar Überdruck

Gerätefüllung	= 16 l × 150 bar Überdruck	= 2400 l × 1 bar
Reservefüllung	= 16 l × 50 bar Überdruck	= 800 l × 1 bar
Nutzfüllung	= Geräte- minus Reservefüllung	= 1600 l × 1 bar

In 40 m Tiefe reicht bei einem mittleren Luftverbrauch von 30 l/min die Nutzfüllung von 1600 l nur rund 10 Minuten (10'). Müssen wir hart arbeiten, so haben wir ein Atemminutenvolumen von 50 l/min und verbrauchen die 1600 l Nutzfüllung in 40 m Tiefe innerhalb von rund 6 Minuten (6')

Somit enthält eine Flasche von 10 l Volumen bei einem Manometerdruck von 150 bar unter atmosphärischen Bedingungen von 1 bar Luftdruck 1510 l Luft. Atmen wir die Flasche an der Oberfläche leer, so stehen uns jedoch nur 1500 l zur Verfügung, da wir den Flascheninhalt von 10 l bei 1 bar Luftdruck nicht auf den Vakuumdruck Null (0 bar) aussaugen können. In 10 m Tiefe könnten wir vom Luftvorrat in der Geräteflasche nur 1490 l für die Atmung benützen, in 20 m nur 1480 l usw.

Wollen wir also wissen, wieviel Luft uns in einer gewissen Tauchtiefe zur Verfügung steht, so müssen wir den Gesamtdruck in der entsprechenden Tiefe berücksichtigen.

Beispiel
Wieviel Liter Luft stehen uns aus einer mit 150 bar Überdruck gefüllten 10-l-Geräteflasche in 50 m Tiefe zum Atmen zur Verfügung? Wir rechnen wie folgt:

$(150 \text{ bar} - 5 \text{ bar}) \times 10 \text{ l} = 1450 \text{ l}$.

Da die Lunge an der Oberfläche und in der Tiefe bei gleicher körperlicher Aktivität immer dasselbe (geometrische) Luftvolumen fördert, verschwenden wir im Überdruck mehr Luft (Luftmoleküle) als unter normalatmosphärischen Bedingungen. Wenn wir z. B. an der Wasseroberfläche bei 1 bar Luftdruck mit der Lunge 30 l Luft pro Minute aus dem Atemgerät beziehen (sog. *Atemminutenvolumen*), so entspricht dieselbe Förderleistung unserer Lunge in 10 m Tiefe bei einem Druck von 2 bar einem Luftkonsum (umgerechnet auf 1 bar Luftdruck) von 60 l/min. In 20 m Tiefe (3 bar) sind es bereits 90 l/min usw.

Der Luftverbrauch wird beim Tauchen daher immer in Litern für einen Luftdruck von 1 bar angegeben (Abb. 3 b) sog. „Normal-Liter".

Gesetz von DALTON

Am Gesamtdruck eines Gasgemisches (z. B. Luft) beteiligen sich die Einzelgase entsprechend ihrem Volumenanteil. Den Druckanteil eines jeden Einzelgases (z. B. Sauerstoff) am Gesamtdruck der Gasmischung (z. B. Luft) nennt man Teildruck oder Partialdruck. Der Teildruck eines trockenen Gases berechnet sich daher durch Multiplikation des Volumenanteils von Sauerstoff in Luft (21%) mit dem herrschenden Gesamtdruck.

Bei einem Luftdruck von 1 bar beträgt der Sauerstoffteildruck somit 21% von 1 bar = 0,21 bar. Atmen wir in 10 m Tiefe Luft bei 2 bar Gesamtdruck, so beträgt der Sauerstoffteildruck 21% von 2 bar = 0,42 bar.

Für den Stickstoff[*] beträgt der Teildruck bei 1 bar entsprechend seinem Volumenanteil in Luft von 79%, 0,79 bar, bei 2 bar Gesamtdruck 1,58 bar.

Die Summe der Teildrucke der im Gasgemisch vorhandenen Einzelgase ergibt den Gesamtdruck des Gases.

Gesetz von HENRY (Abb. 4)

Gase sind in Wasser und Körperflüssigkeiten löslich. Setzt man eine Flüssigkeit mit einem Gasgemisch unter Druck, so stellt sich nach einer gewissen Zeit ein Gleichgewicht zwischen den gasförmigen und den in Lösung befindlichen Gasmengen ein. Die Lösung ist mit dem entsprechenden Gas gesättigt. Die Menge des in einer Flüssigkeit gelösten Gasanteils hängt weiter vom Löslichkeitsfaktor (Sättigungsmenge) des entsprechenden Gases in dieser Flüssigkeit ab. Mit steigender

---

[*] Einschließlich Argon.

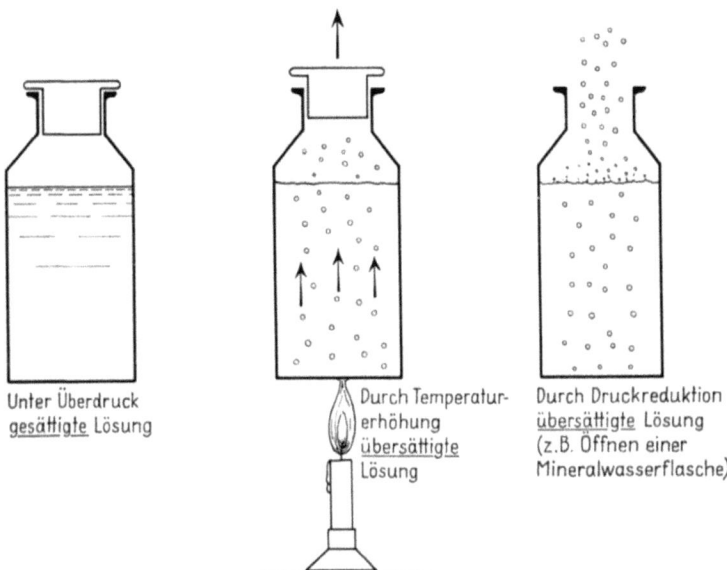

Abb. 4. Gesetz von HENRY. Je kälter die Temperatur und je größer der Gasdruck über einer Flüssigkeit, desto mehr Gas läßt sich in ihr lösen. Eine mit Gas gesättigte Lösung gibt dieses bei einem Temperaturanstieg oder einer plötzlichen Druckreduktion in Form von Blasen ab

Temperatur nimmt die Löslichkeit eines Gases in einer bestimmten Flüssigkeit ab. Das durch Überdruck in einer Mineralwasserflasche gelöste Gas tritt daher bei Erwärmung oder plötzlicher Druckreduktion (Öffnen der Flasche) in Form von Blasen aus der Lösung aus.

Das Gesetz von HENRY beschreibt die Löslichkeit von Gasen in Flüssigkeiten und lautet: Die Konzentration (C) eines in Flüssigkeit gelösten Gases (X) ist bei konstanter Temperatur dem herrschenden Teildruck des Gases über der Flüssigkeit (P) und seiner Löslichkeit in der Flüssigkeit (α) proportional*.

$C_x = \alpha_x \cdot P_x.$

Die Löslichkeit von Sauerstoff ist im Blut und im Wasser größer als die von Stickstoff. Andererseits ist die Löslichkeit von Stickstoff in fetthaltigem Gewebe größer als in wasserhaltigem.

---

* Das Gesetz von HENRY gilt nicht für Gase und Lösungsflüssigkeiten, die chemische Reaktionen eingehen (z. B. Sauerstoff und Blut). Es gilt also nur für rein physikalische Lösungen (z. B. Inertgaslösungen, wie N_2 in Wasser).

Tabelle 2. Verschiedene Löslichkeitsfaktoren von sog. Inert- und Anästhesiegasen

Gas	Löslichkeit	Fett-Wasserkoeffizient	
Cyclopropan	0,204	35	von oben
Xenon	0,097	20	nach unten
Lachgas	0,549	3,2	abnehmender
Krypton	0,051	9,6	Narkose-
Argon	0,029	5,3	effekt
Stickstoff	0,013	5,2	
Wasserstoff	0,016	3,1	
Helium	0,0085	1,7	
	ml Gas pro ml Wasser bei 37 °C		

Wasser

Einfluß auf die Körperschwere

Nach dem Prinzip von ARCHIMEDES verliert ein in Flüssigkeit getauchter Körper so viel an Gewicht, wie die von ihm verdrängte Wassermenge wiegt. 1 l Süßwasser hat bei einer Temperatur von 4 °C annähernd 1 kg Gewicht. Das spezifische Gewicht eines Körpers entspricht dem

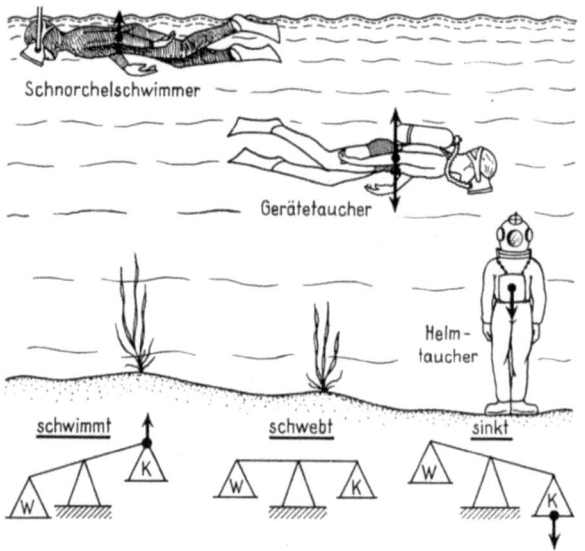

Abb. 5. Prinzip von ARCHIMEDES
W spezifisches Gewicht von Wasser
K spezifisches Gewicht des eingetauchten Körpers

Quotienten, gebildet aus seinem Gewicht und seinem Volumen (Spez. Gewicht = Gewicht/Volumen). Für Wasser ist dieser Quotient 1, wenn man sein Gewicht bei 4 °C in kg und das zugehörige Volumen in Litern ausdrückt (Abb. 5).

Schwimmt also ein Körper auf dem Wasser, so ist sein spezifisches Gewicht kleiner als 1. Schwebt er knapp unter der Wasseroberfläche, so entspricht sein spezifisches Gewicht dem des Wassers, nämlich 1. Sinkt der Körper auf den Grund, so ist sein spezifisches Gewicht größer als 1.

Der Froschmann gleicht sein spezifisches Gewicht möglichst dem des Wassers an, damit er keine Schwimmarbeit leisten muß, um sich in der gewünschten Tiefe aufzuhalten, er schwebt schwerelos. Der Helmtaucher behängt sich mit viel Blei, damit er schwerer als Wasser wird und auf den Grund sinkt, damit er sicher stehend gut arbeiten kann. Der Schnorchelschwimmer hingegen ist dank dem lufthaltigen Taucheranzug leichter als Wasser und schwimmt daher mühelos auf der Oberfläche.

Änderungen des Sehvermögens

Die Sichtverhältnisse unter Wasser werden von folgenden Gegebenheiten bestimmt:

1. Intensität des Oberflächenlichtes (Wetter, Tageszeit, Einfallwinkel der Sonnenstrahlen usw.),
2. Tauchtiefe,
3. Durchsichtigkeit des Wassers (Grad der Verschmutzung),
4. Beschaffenheit des Grundes (heller Sand, dunkler Fels).

Schräg auf die Wasseroberfläche auftretendes Licht wird teilweise zurückgeworfen und teilweise aufgenommen. Da Wasser dichter ist als Luft, werden schräg einfallende Sonnenstrahlen bei ihrem Eintritt ins Wasser gegen das Lot hin gebrochen. Senkrecht einfallende Lichtstrahlen werden nicht gebrochen.

Tauchen wir mit offenen Augen ins Wasser ein, so sehen wir recht undeutlich. Die Erklärung hierfür ist, daß der Brechungsindex unseres Auges für den Übergang von Lichtstrahlen aus der Luft und nicht aus dem Wasser ins Auge geschaffen ist. Durch eine wasserdicht anliegende Brille gewinnen wir wieder einen Teil unseres gewohnten Sehvermögens zurück. Die Brechung der Lichtstrahlen am Übergang vom Wasser zum Brillenglas führt zum scheinbaren Nähertreten der beobachteten Objekte und zur Einengung des Gesichtsfeldes. Alle Gegenstände erscheinen dem Taucher daher näher und größer, als der Wirklichkeit entspricht. Nach einer gewissen Zeit lernt man aber auch unter Wasser Distanzen und Proportionen richtig abzuschätzen.

Im Wasser wird ein erheblicher Teil des Lichtes absorbiert. So herrscht bereits in etwa 100 m Tiefe bei bester Oberflächenbeleuchtung, auch im klarsten Wasser (bei senkrecht stehender Sonne), praktisch Nacht. Die erhöhte Streuung des Lichts im Wasser erklärt diesen Helligkeitsverlust. Andererseits ermöglicht diese Streuung dort noch die Sicht, wo kein direktes Licht hingelangen würde, z. B. unter überhängenden Felsvorsprüngen, in Höhlen usw. Das Erkennen roter Körper ist bereits in Tiefen ab 5 m ohne spezielle Beleuchtung kaum mehr möglich, da langwelliges rotes Licht stärker absorbiert wird als kurzwelliges blaues.

Klare Sicht wird jedoch vor allem behindert durch die zunehmende Verunreinigung unserer Flüsse und Seen mit Algen, Abwässern usw., kombiniert mit einem dunklen, schlammigen Untergrund.

Bei der Beurteilung der Gewässertiefen ist zu bedenken, daß klares Wasser auf hellem Grund zu niedrig schmutziges Wasser über dunklem Grund hingegen zu tief eingeschätzt wird.

Änderungen des Hör- und Sprechvermögens

Der Schall breitet sich im Wasser viel schneller aus als in der Luft (Schallgeschwindigkeit in der Luft ~330 m/sec, im Wasser ~1450 m/sec).

Schallwellen verlieren beim Übergang aus der Luft in das Wasser an Energie. Taucher hören daher im Wasser lauteste Schreie und Geräusche von der Oberfläche her nur bis auf wenige Meter Tiefe. Töne, die unter Wasser entstehen, breiten sich dagegen rasch aus und führen zu dem Eindruck, daß ihre Entstehungsquelle näher und lauter ist, als unserer üblichen Erfahrung mit der Fortpflanzung des Schalls durch die Luft entspricht. Wir haben im Wasser außerdem größte Mühe, die Herkunft der Töne zu lokalisieren.

Wegen der mit der Tauchtiefe zunehmenden Dichte der Atemgase ändert sich ferner unsere Stimme. In 50 m Tiefe (z. B. in einer Überdruckkammer oder in einem Unterwasserhaus) haben wir bereits die lallende Stimme eines Betrunkenen. Pfeifen gelingt schon in geringeren Tiefen nicht mehr. In Helium entsteht die bekannte „Donald Duck"-Sprache, die in größeren Tiefen so entartet, daß eine Verständigung nur noch durch Ablesen der Laute von Mund oder schriftlich möglich ist.

Diese Veränderungen der Sprache können übrigens allein durch die physikalisch bedingte Zunahme der Atemgasdichte nicht restlos erklärt werden. Allerdings existieren heute bereits Computerprogramme, mit welchen die durch die verschiedenen Atemgasdichten veränderten Laute unserer Stimme wieder verständlich gemacht werden.

Änderung der Temperaturempfindung

Die Temperatur unseres Körpers wird dank einem komplizierten Regelmechanismus zwischen 36 °C und 37 °C konstant gehalten. Unsere Wärmeproduktion entspricht somit ständig der Wärmeabgabe an die Umgebung. Unser Körper kann Wärme durch *Strahlung* (Sonnenstrahlen, Infrarotbestrahler usw.), *Verdunstung* oder *Kondensation* von Wasser (Schwitzen, Befeuchtung der Luft durch den Atem) sowie durch *Konduktion* (Wärmeleitung durch direkten Kontakt der Moleküle, z. B. beim Berühren kalter oder warmer Körper) aufnehmen oder abgeben.

Da Wasser ein etwa 100mal besserer Wärmeleiter ist als Luft, verlieren wir beim Schwimmen und Tauchen mehr Wärme als bei entsprechenden Anstrengungen in gleich warmer Luft. Dank dem Anpassungsvermögen unseres Körpers verliert dieser aber im Wasser nur etwa 3- bis 4mal mehr Wärme als in der Luft. Dieser zusätzliche Wärmeverlust nötigt uns nach einigen Tauchgängen ohne Anzug, immer wieder aus dem Wasser zu steigen, um uns zu wärmen und „Brennmaterialien" in Form eines kräftigen Imbisses einzunehmen. Dem Wärmeverlust können wir durch das Tragen von Naß- und Trockentauchanzügen weitgehend vorbeugen. Sie erlauben unserem Körper, zusätzliche isolierende Wärmeschalen zu bilden, die durch *Konvektion* nicht weggetragen werden können.

Unter Konvektion versteht man die durch Strömung (Konvektion) bedingte Wärmeabfuhr von unserer Körperoberfläche, wodurch ein Kühleffekt entsteht.

Da Luft ein ausgezeichneter Wärmeisolator ist, sind Taucheranzüge aus lufthaltigen Geweben gearbeitet. Mit zunehmender Tauchtiefe nimmt die Größe der Luftblasen in den Anzügen ab. Daher gewährt der gleiche Anzug in größeren Teilen geringeren Wärmeschutz und auch geringeren Auftrieb als beim Schwimmen knapp unter der Oberfläche. Helium ist ein besserer Wärmeleiter als Luft. In Heliumatmosphäre benötigen wir daher eine höhere „Behaglichkeitstemperatur" (etwa 28–30 °C) als in Luft.

Da in warmem Wasser der durch Konduktion bedingte Wärmeverlust abnimmt und die Verdunstungskälte des Schweißes im Naß-Anzug wegfällt, entsteht relativ schnell eine sog. Wärmestauung. Darunter versteht man das Ansteigen der normalen Körpertemperatur infolge mangelnder Wärmeabgabe an die Umgebung. Es ensteht dadurch eine exogene Art Fieber, das bei über 40 °C lebensgefährlich wird. Das Tauchen in Gewässern, deren Temperatur gleich groß oder höher als unsere Körpertemperatur ist, kann daher nur mit kühlbaren Anzügen geschehen.

Atmung

Durch die Atmung wird unser Körper mit dem lebensnotwendigen Sauerstoff (O_2) versorgt und das durch die Stoffwechselvorgänge entstandene Kohlendioxyd (CO_2) ausgeschieden.

Die Lunge übernimmt den Gastransport bzw. Gasaustausch zwischen Blut und Umwelt (sog. äußere Atmung). Das Herz pumpt das Blut durch die Lunge (Lungenkreislauf oder kleiner Kreislauf) und durch die übrigen Organe und Gewebe (Körperkreislauf oder großer Kreislauf). In den Zellen wird Sauerstoff aufgenommen und Kohlendioxyd an das Blut abgegeben (sog. innere Atmung) (Abb. 6).

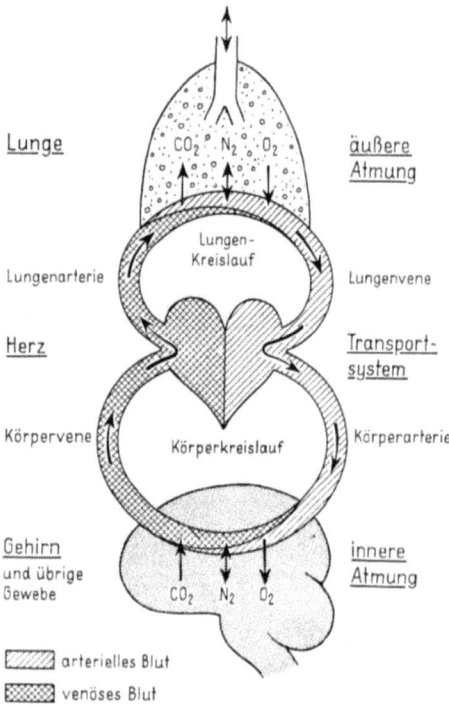

Abb. 6. Kreislauf der Atemgase

Durch die Lungen treten aber auch andere Atemgase in den Körper ein und aus, insbesondere Stickstoff (N_2) und die in der Luft vorhandenen Edelgase. Diese Gase nehmen am Stoffwechselgeschehen nicht teil und heißen daher Inertgase.

Der Austausch von Gasen im Körper geschieht stets auf Grund physikalischer Gesetzmäßigkeiten vom Ort höherer zum Ort niedrigerer Konzentration.

Die Lunge wird durch den elastischen Gegenzug des Brustkorbs und des Zwerchfells stets entfaltet gehalten. Blasen wir mit maximaler Anstrengung „sämtliche" Luft aus, so enthalten die Lungen immer noch ein gewisses Luftvolumen (Residualvolumen = RV) (Abb. 7).

Am Ende einer normalen Ausatmung (Atemruhelage) ist noch fast die Hälfte des maximalen Fassungsvermögens der Lungen (Totalkapazität = TK) im Brustkorb vorhanden (funktionelle Residualkapazität = FRK).

Den größtmöglichen Atemzug nennt man Vitalkapazität (VK). Die Luftmenge, die ein Erwachsener pro Atemzug ein- oder ausatmet, nennt man Atemzugvolumen (AV). Es beträgt in Ruhe ungefähr einen halben Liter und wird pro Minute etwa 12-20 mal gewechselt. Wir ventilieren also in Ruhe pro Minute ungefähr 6-10 l Frischluft (Einatemluft). Diese Pumpleistung der Lunge können wir bei großer kör-

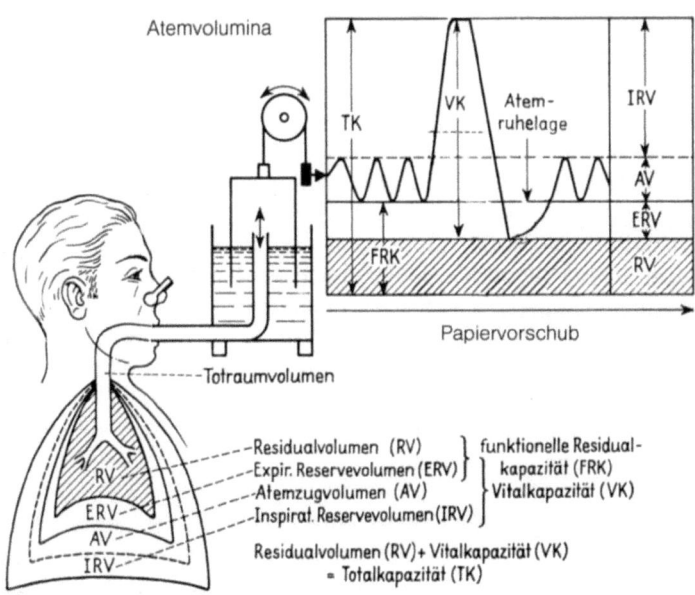

Abb. 7. Unterteilung der Lungenvolumina

perlicher Anstrengung verzehnfachen (sog. maximales Atemminutenvolumen).

Die Atmung wird vom Zentralnervensystem entsprechend den Bedürfnissen des Körpers gesteuert. Zuviel Kohlendioxyd oder Säure im Blut steigert die Atmung, zu wenig hemmt sie. Auch Sauerstoffmangel, Körperbewegungen oder Emotionen steigern die Atmung. Wir können sie auch willentlich antreiben und für kurze Zeit maximal bis über 200 l/min steigern (sog. Atemgrenzwert). Durch überschießende Ventilation wird zuviel Kohlendioxyd abgeatmet (Hyperventilation), wobei mannigfaltige Symptome auftreten wie z. B. Überlkeit, Schwindel, schneller Puls, Muskelkrämpfe. Wir können die Atmung aber auch willentlich reduzieren oder für kürzere Zeit ganz unterdrücken z. B. beim Apnoe-Tauchen.

Blutkreislauf

Der Blutkreislauf ist das große Transport- und Verteilersystem unseres Körpers. Für den ständigen Kreislauf des Blutes bringt das Herz als Pumpe die hierfür notwendige Energie auf. Es schlägt unter Ruhebedingungen etwa 70mal in der Minute und fördert pro Schlag etwa 70 ml Blut. Dies entspricht einer Herzleistung von ungefähr 5 l/min. Die Förderleistung des Herzens kann bei größter körperlicher Anstrengung um rund das Fünffache ansteigen (25 l/min), sog. maximales Herzminutenvolumen.

Bei maximaler Belastung messen wir an gesunden jungen Leuten eine Herzfrequenz von etwa 180/min. Wie die Atmung kann auch die Herzfrequenz ohne körperliche Anstrengung durch Emotionen (Angst, freudige Erwartung usw.) ansteigen.

Der Kreislauf ist durch unseren Willen kaum zu beeinflussen. Seine Regulation geschieht automatisch und in Koordination mit der Atmung entsprechend den Bedürfnissen des Körpers. Der Blutdruck von gesunden Trainierten ändert sich bei körperlicher Leistung i. a. nicht, jedoch bei emotionellem „stress" kann er ansteigen. Er entzieht sich ebenfalls weitgehend unserer willentlichen Beeinflussung.

Sauerstoff- und Luftverbrauch

In Ruhe benötigt der Körper eines Erwachsenen etwa 300–400 ml Sauerstoff pro Minute. Bei schwerster Arbeit kann sich der Bedarf um das Zehnfache steigern. Für einen unauffälligen und nicht besonders anstrengenden Tauchgang sind etwa 30 l Luft pro Minute erforderlich.

Diese enthalten ungefähr 6 l Sauerstoff. Von der Lunge werden praktisch nur etwa 1,5 l aufgenommen, da nicht der gesamte eingeatmete Sauerstoff vom Körper verbraucht wird.

Tauchen wir in eine Tiefe von 40 m, so berechnen wir den Luftverbrauch am besten so, als ob wir vom Moment des Abtauchens bis zum Moment des Auftauchens immer in 40 m Tiefe atmen würden. Je größer der Totraum unseres Lungenautomaten ist, und je ängstlicher (Hyperventilation) und unökonomischer unsere Schwimmbewegungen sind, desto mehr Atemluft verbrauchen wir. Der erfahrene Taucher benötigt daher für die Ausführung eines Auftrages weit weniger Luft als der unerfahrene.

Luftgefüllte Hohlräume des Körpers (Abb. 8)

Beim Tauchen kommt es zum Einströmen (Abtauchen) oder Ausströmen (Auftauchen) von Luft in und aus den natürlichen Hohlräumen unseres Körpers. Sind diese wegen krankhafter Prozesse verschlossen, so entsteht gegenüber dem umgebenden Wasserdruck ein Unter- (Abtauchen) oder Überdruck (Auftauchen) in den betroffenen Körperhöhlen, der zu Schädigungen führt (Barotraumen). Es ist daher wichtig, die Lage dieser Hohlräume im Körper zu kennen, um typische Druck- und Schmerzgefühle richtig interpretieren zu können.

Schädelhöhlen (Abb. 8 und 9)

Die *Mittelohr- oder Paukenhöhlen* sind mit dem Nasenrachenraum durch die Ohrtrompeten (Tuben) verbunden. Diese Verbindungsgänge werden nur durch Schlucken, Kauen oder spezielle Bewegungen der Schlund- und Kiefermuskeln geöffnet. Das Mittelohr ist gegenüber dem äußeren Gehörgang durch eine dünne Membran (Trommelfell) luftdicht abgeschlossen. Im übrigen ist der ganze Raum von einer Schleimhaut überzogen. Seine Belüftung erfordert im Gegensatz zu den anderen luftgefüllten Körperhöhlen aktive Mitarbeit (aktiver Druckausgleich des Tauchers).

Die *Oberkieferhöhlen* sind beidseitig hinter den Backenknochen im Schädel eingebettet und haben normalerweise stets offene Verbindungsgänge zu den Nasenhöhlen. Das gleiche gilt für die paarig angelegten *Stirnhöhlen,* die über der Nasenwurzel sitzen und normalerweise ebenfalls ständig mit dem Nasenraum kommunizieren. *Die Siebbeinhöhlen* liegen unter der vorderen Schädelbasis beidseits der Nasenhöhlen und stehen mit diesen in Verbindung.

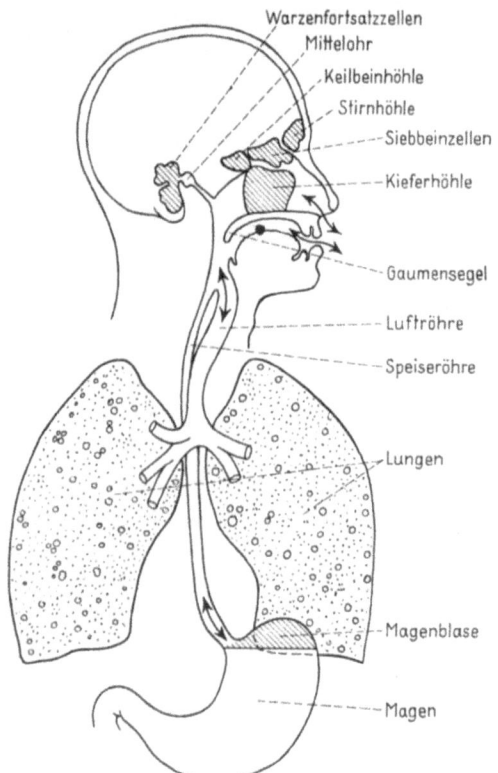

Abb. 8. Lufthaltige Hohlräume des Körpers

Wie alle übrigen Schädelhöhlen mit Ausnahme der *Keilbeinhöhle* sind schließlich auch die hinter dem Ohr liegenden *Warzenfortsatzzellen* paarig angelegt und mit Schleimhaut ausgebettet. Die Warzenfortsatzzellen stehen über das Mittelohr mit dem oberen Nasenrachenraum in Verbindung.

Bei Infektionen (Erkältungen usw.) kommt es recht schnell zu einer Anschwellung der Schleimhäute dieser Höhlen und einer Verlegung der feinen Verbindungswege zum Mittelohr und Nasenrachenraum.

Lunge

Der Druck in den Lungenbläschen (Alveolen) entspricht im Mittel bei offenen Atemwegen dem Umgebungsdruck.

Durch Entzündungen oder Angstreaktionen (Stimmritze) kann es zu Verschlüssen der Atemwege und bei zu raschem Aufsteigen zu gefähr-

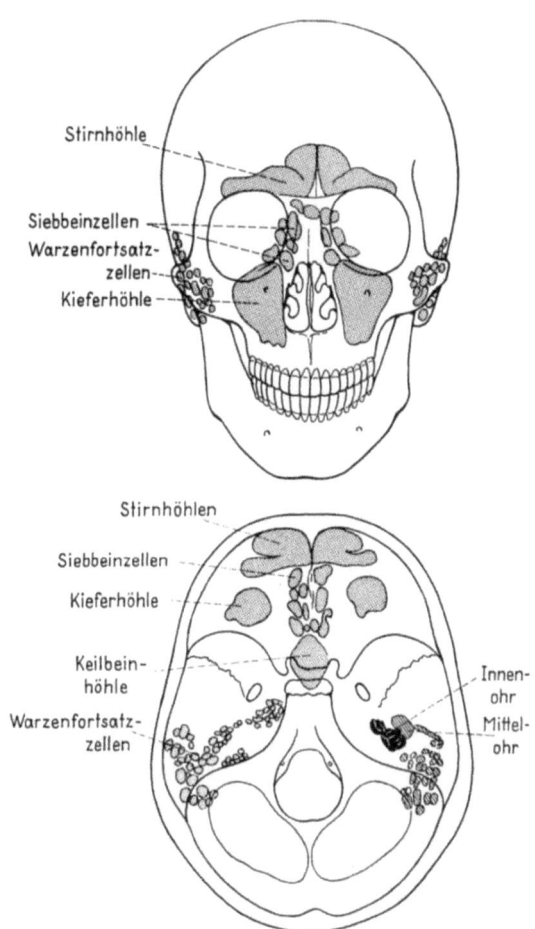

Abb. 9.
Lufthaltige Schädelhöhlen

lichen Überblähungen der gesamten Lunge (Stimmritzenverschluß) oder von Teilbereichen (Bronchialobstruktion) kommen (siehe auch Barotrauma der Lunge).

Magen-Darm-Trakt

Die Magen-Darm-Luft entleert sich im allgemeinen durch den Mund oder den Mastdarm, sobald der Überdruck genügend groß wird. Trotzdem können bei der Dekompression durch zuviel Luft im Magendarmtrakt (Luftschlucken, ungeeignete Nahrung, ungenügende Verdauung) Schmerzen und Übelkeit entstehen.

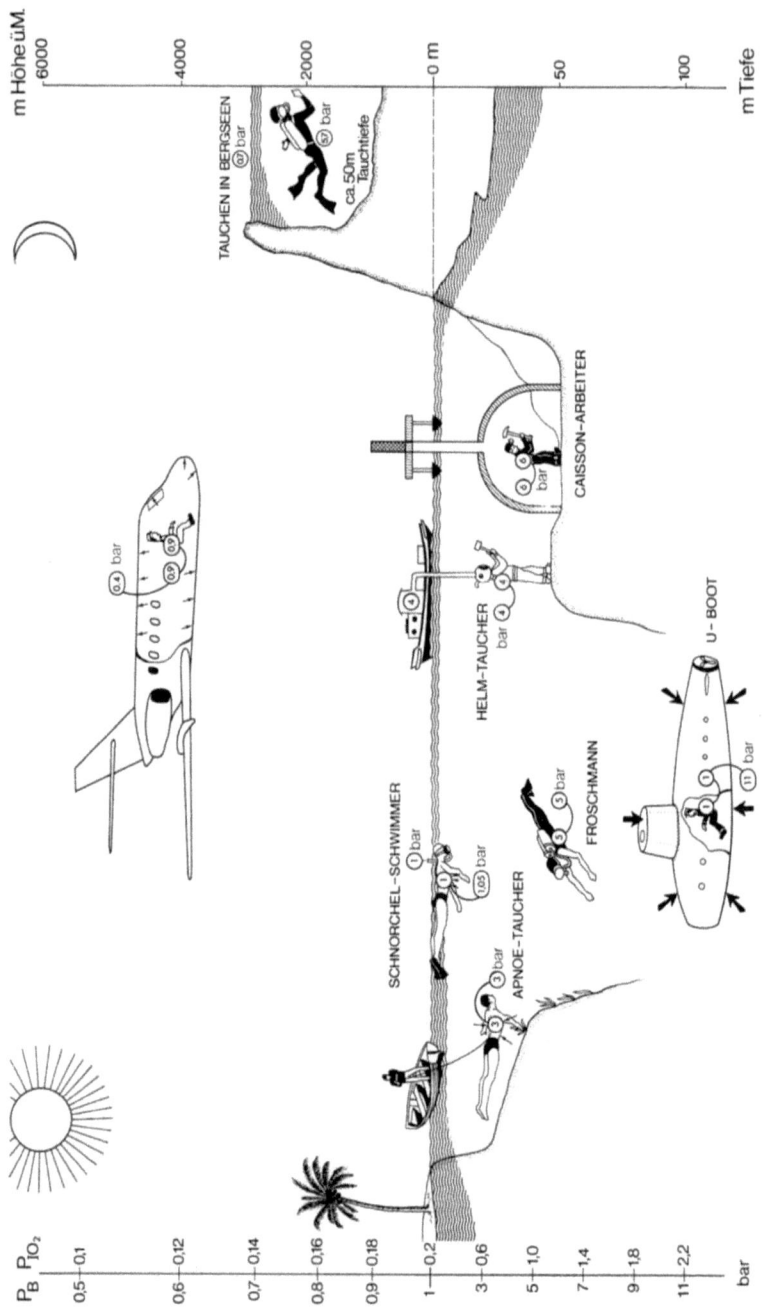

Besonderheiten verschiedener Druckbelastungen (Abb. 10)

Bei den verschiedenen Taucharten wird der Körper unterschiedlich belastet. Daher hat jede Tauchart respektive Überdruckbelastung ihre typischen Gefahren, auf die wir hier besonders aufmerksam machen.

Apnoetauchen (Abb. 11)

Vor dem Tauchen ohne irgendwelche Atemhilfsmittel (Apnoetauchen) wird meist ein wenig hyperventiliert und der Atem in tiefer Inspirationsstellung angehalten. Durch das Hyperventilieren wird der Kohlendioxydgehalt (CO_2) im arteriellen Blut vermindert. Dadurch fällt der kohlendioxydbedingte Atemantrieb für einige Zeit aus. Wesentlich mehr Sauerstoff kann hingegen durch dieses Hyperventilationsmanöver nicht aufgenommen werden. Wird anschließend z.B. auf 20 m getaucht, so steigt der Sauerstoffpartialdruck aufgrund der Kompression des Lungenvolumens auf das Dreifache seiner Größe an der Oberfläche an. Der Körper kann daher in dieser Tiefe die Sauerstoffreserven in der Lunge viel weiter ausschöpfen, als ihm an der Oberfläche möglich wäre, ohne daß es zu Atemnot kommt. Beim Auftauchen nimmt der Sauerstoffpartialdruck wegen der Gesamtdruckreduktion schnell ab, und die Folgen sind Schwindel oder Bewußtlosigkeit infolge des akut auftretenden Sauerstoffmangels. Mehr als eine halbe Minute Hyperventilation vor dem Tauchen ist daher gefährlich. Das Fehlen des Atemnotsignals Kohlendioxyd (CO_2) erlaubt in der Tiefe einen übermäßigen Sauerstoffkonsum. Beim anschließenden Auftauchen kommt es als Folge der Gesamtdruckreduktion zu einem stärkeren Sauerstoffteildruckabfall und Bewußtlosigkeit. Wird der bewußtlos Auftauchende an der Wasseroberfläche nicht sofort geborgen, sinkt er ab und ertrinkt. Bei wiederholtem Apnoetauchen kann es vermutlich als Folge der ständigen großen Druckschwankungen zu einem akuten Kreislaufversagen (Synkope) mit Herzstillstand kommen. Werden nicht sofort die richtigen Rettungs- und Wiederbelebungsmaßnahmen ergriffen, so tritt der Tod durch Herzversagen oder Ertrinken ein.

Unterwasserjägerei soll daher niemand allein, ohne Aufsicht eines weiteren Tauchers betreiben. Dabei sind Tiefen über 20 m möglichst

◀ Abb. 10. Über- resp. unterdruckbedingte körperliche Belastungen. ⑤⑤ absoluter Druck der Umgebung und im Körper in bar. ↗ Richtung der druckbedingten Deformationskräfte. P_B absoluter Barometerdruck in bar. P_{IO_2} Sauerstoffpartialdruck bei Atmung von Luft im bar $_{IO_2} = (P_B - P_{H_2O}) F_{IO_2}$

F_{IO_2} fraktioneller O_2 Gehalt der Luft = 0,209

P_{H_2O} Wasserdampfdruck entsprechend der Luftfeuchtigkeit und Temperatur

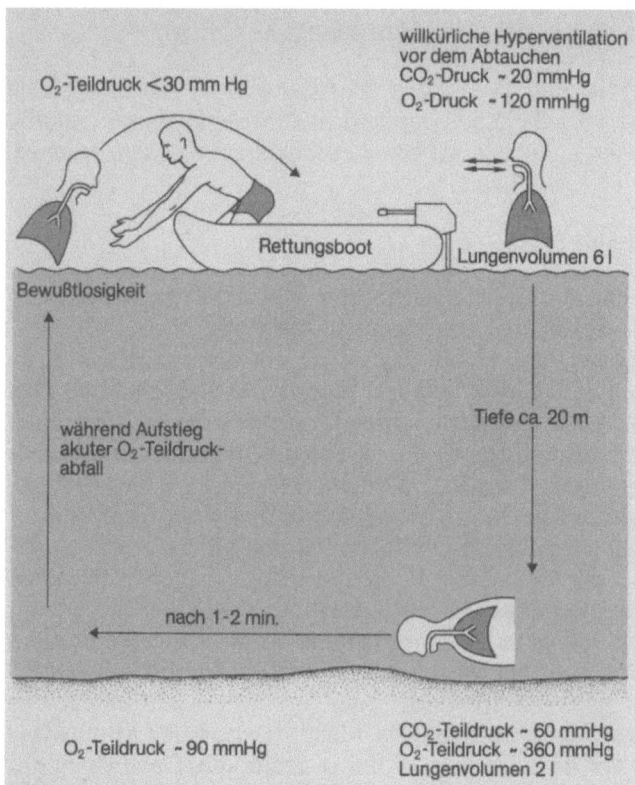

Abb. 11. Gefahren des Apnoetauchens

zu meiden oder zumindest nicht öfter kurz nacheinander aufzusuchen. Aus diesem Grunde sichern vorsichtige Südseevölker schon seit Jahrhunderten ihre Apnoetaucher durch eine Leine vom Boot aus. (Abb. 10). Mit zunehmender Tauchtiefe nimmt die Herzfrequenz physiologischerweise ab.

Schwimmen und Tauchen mit dem Schnorchel (Abb. 12 und 13)

Dem Unvoreingenommenen mag diese Form des Tauchens einfach erscheinen: Man verlängert seine Luftröhre um einige Meter mit Hilfe eines in den Mund zu nehmenden Schlauches und taucht dann so tief, wie es die Länge des selbstgebastelten Schnorchels erlaubt.

Wir wollen uns aber genau überlegen, welche Probleme sich in Wirklichkeit bei einem solchen Tauchversuch stellen:

Nehmen wir z. B. einen 3 m langen Schlauch vorsichtshalber bereits an Land in den Mund, so müssen wir hier schon sehr tief atmen, um

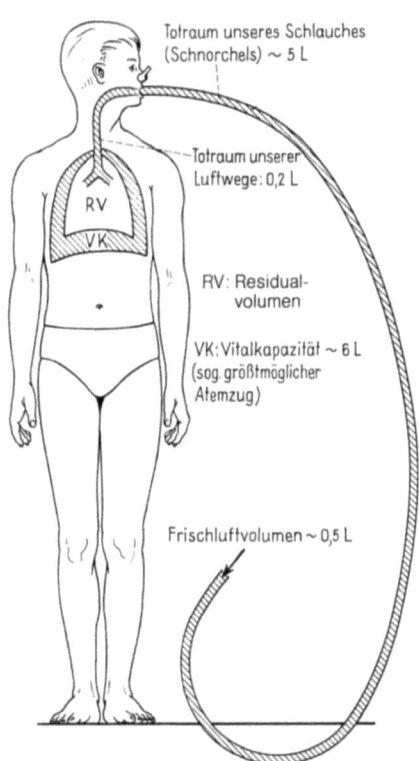

Abb. 12. Schnorchelatmung. Je größer das Schnorchelvolumen, desto größer die Totraumventilation und damit höchst unökonomische Atembedingungen

etwa ½ l Frischluft durch diesen Schlauch in die Lungenbläschen (Alveolen) zu transportieren. Wir sind gezwungen, das Volumen des Schlauches sowie das Volumen der eigenen Atemwege (Totraumvolumen) einzuatmen, bis endlich Frischluft und nicht die vom vorangegangenen Atemzug stammende, verbrauchte Ausatmungsluft in die Alveolen gelangt. Nehmen wir an, es gelänge uns, an Land durch einen 3 m langen Schnorchel unbeschränkt lange Zeit zu atmen, und wir würden sodann mit diesem Schnorchel leichtsinnigerweise ins Wasser eintauchen. Spätestens in 3 m Tiefe wäre es uns nicht mehr möglich, einzuatmen, da der auf uns einwirkende Wasserdruck größer ist als die Kraft der Einatmungsmuskulatur. Als Folge des hierdurch entstandenen relativen Unterdrucks in der Lunge käme es zum Übertritt von Blutflüssigkeit in die Lungenbläschen (Lungenödem und Rechtsherzversagen), erkennbar an einem hellroten, blutigen „Schaumpilz" vor dem Mund. Aus diesem Grunde darf ein Schnorchel nicht länger als

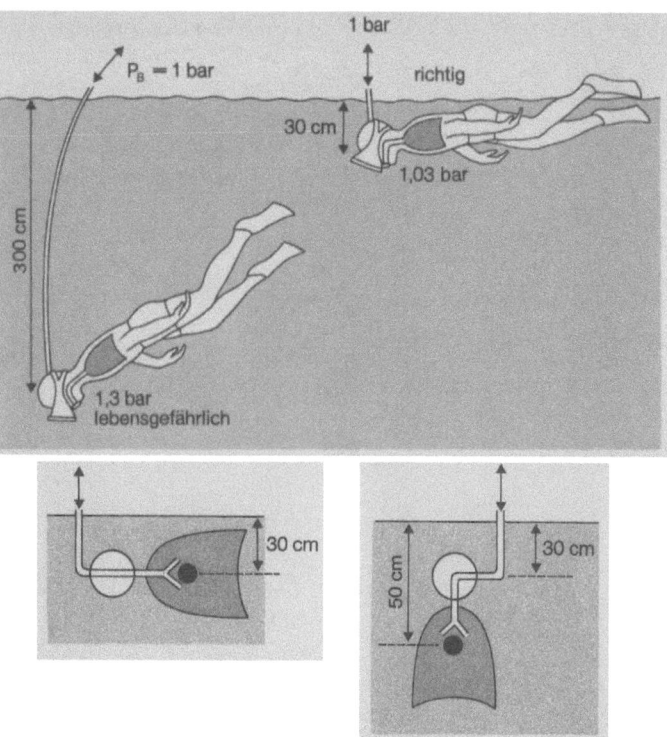

Abb. 13. Gefahren des Schnorcheltauchens. Bereits in 3 m Tiefe ist der Wasserdruck so groß, daß die Kraft der Atemmuskulatur kaum mehr ausreicht, den Brustkorb genügend zu dehnen, um durch den Schnorchel einatmen zu können. In der Lunge herrscht Barometerdruck (1 bar) auf dem Körper der Umgebungsdruck der jeweiligen Tauchtiefe (1,03 bar, 1,05 bar oder 1,3 bar). Druckdifferenzen von mehr als 0,05 bar führen über kurz oder lang zu einem lebensgefährlichen Flüssigkeitsaustritt in die Alveolen, es entsteht ein Lungenödem

35 cm sein. Er ist nur als Atemrohr zum Schwimmen mit eingetauchtem Kopf an der Oberfläche gedacht und wird schon in Tiefen von 0,5 m zu einem lebensgefährlichen Atemgerät.

Helmtauchen (Abb. 10)

Auf dem eben beschriebenen Mechanismus (Entstehen eines relativen Unterdruckes) beruhen die gefürchteten Verletzungen des Helmtauchers bei plötzlichem Sturz in die Tiefe. Dabei entsteht ein relativer Unterdruck im Helm, der nicht genügend schnell durch gesteigerte

Luftzufuhr von oben behoben werden kann. Als Folge dieses relativen Unterdrucks wird der Taucher in den Helm gesogen, was im besten Fall lediglich zu einer blauen, aufgedunsenen Kopfhaut führt (äußeres „Blaukommen"). Aber auch die Lunge ist bei unerwartetem Sturz in die Tiefe dem plötzlich entstehenden Sog ausgesetzt. Dies kann zu Lungenrissen und Blutungen (inneres „Blaukommen") führen, also Erscheinungen, die bereits als Gefahren eines zu langen Schnorchels erwähnt wurden.

Tauchen mit Lungenautomaten (Froschmann, Abb. 10)

Beim Tauchen mit Lungenautomaten atmen wir die Luft unter dem Druck, der unserer Tauchtiefe entspricht, ein und aus (gilt auch für das Helmtauchen). Der Körper nimmt, je tiefer wir tauchen, desto mehr Luft auf. Die Aufnahme und Abgabe von Gasen entsprechend der Tauchtiefe ist weiter von der Löslichkeit dieser Gase und der Durchblutung der verschiedenen Organe unseres Körpers abhängig. Gut durchblutete Gewebe (Lunge, Gehirn, Herz, Nieren usw.) nehmen schneller den Sättigungsdruck der Atemgase entsprechender Tauchtiefe an als schlecht durchblutete Gewebe (Knochen, Knorpel, Bindegewebe usw.).

Je nachdem wie lange wir uns in einer gewissen Tiefe aufhalten oder wie oft hintereinander wir tauchen, werden die Körpergewebe mit mehr oder weniger viel Gas gesättigt. Tauchen wir aus größeren Tiefen zu rasch auf, so kommt es zu Blasenbildungen in Organen entsprechend dem Gesetz von HENRY. Die unter dem der Tauchtiefe entsprechenden Druck gelösten Gase können nicht rechtzeitig und in genügender Menge ins Blut übertreten durch die Lunge abgeatmet werden. Durch zu schnelle Druckreduktion beim Auftauchen wird daher das Gaslöslichkeitsvermögen in gewissen Geweben zu groß. Es entstehen Gasblasen, die zu einem sogenannten *Dekompressionsunfall* führen.

Diese Blasen bestehen bei Luftatmung hauptsächlich aus Stickstoff. Da Stickstoff vom Körper weder verbraucht noch produziert wird, also am Stoffwechsel nicht teilnimmt, können solche Blasen nur durch erneute Druckerhöhung wieder in Lösung gebracht werden.

Ein weiteres für Tieftauchversuche wichtiges Gas ist das Helium. Es wird vom Körper schneller aufgenommen und abgegeben als Stickstoff. Es führt aber auch zu Dekompressionsunfällen, falls seine Löslichkeitsgrenze überschritten wird.

Wir wollen uns folgendes merken:

1. Kritische Übersättigungsfaktoren werden erst beim Auftauchen aus Tiefen von über 10 m erreicht. In Tiefen zwischen 0 und 10 m und bei normalem Barometerdruck können wir nach beliebig langen Aufenthaltszeiten unverzüglich an die Oberfläche zurückkehren, ohne einen Dekompressionsunfall zu riskieren.
2. Tauchen wir tiefer als 10 m, so können wir, sofern eine gewisse Aufenthaltszeit nicht überschritten wird (Nullzeit), ebenfalls noch ohne Zwischenhalte direkt an die Oberfläche zurückkehren.
3. Überschreiten wir die Nullzeiten, so müssen wir einen oder mehrere Zwischenhalte während des Auftauchens einschalten, da es sonst zu Gasblasenbildung im Körper kommt. Durch diese würde ein Dekompressionsunfall ausgelöst, der, je nach Ausmaß und Ort der Blasenbildung, zu verschiedenen Krankheitserscheinungen führt.

U-Boot, Notaufstieg (Abb. 10)

Aus gesunkenen U-Booten kann sich die Mannschaft durch eine Schleuse auf die Tauchtiefe des Bootes rekomprimieren lassen und so ins Wasser aussteigen. Die beim Aufstieg dekomprimierte Luft der Lunge wird ausgeatmet. Sie kann (z. B. in einem über den Kopf gestülpten Wassereimer aufgefangen und als zusätzlicher Auftrieb verwendet werden. Bei zu schnellem Aufstieg (z. B. innerhalb von Sekunden aus 40 m Tiefe, gilt auch für Panikaufstiege mit und ohne Tauchgerät bei Notaufstiegstraining oder plötzlicher Caissondruckreduktion) entstehen Gasblasen im Blut mit oder ohne begleitendem Lungenriß. Eine Halbierung des maximalen Umgebungsdruckes innerhalb weniger als einer Minute endet meist deletär. Insbesondere die letzten 10 m bis zur Oberfläche sollten langsam (10 m/min) durchstiegen werden, da pro Distanz die größte relative Druckreduktion erfolgt (s. Abb. 3a, Gesetz von BOYLE-MARIOTTE).

Caissonarbeit und Überdrucktherapie (Abb. 10)

Was für Helmtaucher und Froschmänner zu beachten ist bezüglich Umgebungsdruckreduktionsgeschwindigkeit, gilt auch für Caissonarbeiter (Unterwassertunnelbau, Schildvortrieb bei U-Bahnbau, etc.) und Überdrucktherapie von Patienten mit Gasbrand, schweren CO-Vergiftungen, arteriellen Druchblutungsstörungen, etc. Leider haben tödliche Unfälle mit hyperbaren Behandlungskammern in den letzten

Jahren gezeigt, daß die Verantwortlichen oft nicht die primitivsten Dekompressionsregeln, wie sie beim Tauchen zur Anwendung kommen, beherrscht haben (siehe auch Dekompressionstabellen).

Tauchen in Bergseen (Abb. 10)

Der Barometerdruck nimmt mit zunehmender Höhe ab. Daher kann ein Aufstieg aus einem Bergsee nicht mit dem gleichen Übersättigungsfaktor geschehen wie in Meereshöhe.

Beispiel

Höhe über Meer	300 m	3 000 m
Barometerdruck an der Wasseroberfläche	1 bar	0,7 bar
Stickstoffinertgasdruck des austauchlimitierenden Gewebes	1,6 bar	1,6 bar
Übersättigungsfaktor für das austauchlimitierende Gewebe	1,6/1 bar	1,6/0,7 = 2,28 bar

Daher müssen die Dekompressionszeiten für Tauchgänge in Bergseen gegenüber Meereshöhe nicht nur verlängert werden, sondern evtl. auch die Dekompressionsstufen verkürzt, da ein Aufstieg aus 3 m Tiefe gegenüber 0,7 bar einer größeren Druckreduktion als gegenüber 1 bar entspricht.

Fliegen und Tauchen (Abb. 10)

Würden wir unmittelbar nach einem Tauchgang im Meer einen Flug unternehmen, so bestünde trotzdem die Möglichkeit, wegen der durch die Flughöhe bedingten weiteren Außendruckabnahme einen Dekompressionsunfall zu erleiden. Es ist daher zu empfehlen, daß zwischen Auftauchen und Abflug ein genügend großes Zeitintervall (etwa 6 Stunden) eingeschaltet wird. Auch Wetterumstürze (Föhntiefs) können bei zu knapp bemessener Dekompression noch nach Stunden zu Beschwerden führen.

Es kommt leider immer wieder vor, daß Taucher, die einen Dekompressionsunfall erleiden, unmittelbar danach in ein Flugzeug gebracht und ins Krankenhaus geflogen werden. Auf einem solchen Lufttransport entstehen dann oft Dekompressionsschäden, die weit über die ursprünglichen Unfallverletzungen hinausgehen. Ein Transport von dekompressionsgeschädigten Tauchern mit Flugzeugen sollte daher nur in speziellen Überdruckkammern oder in geringen Flughöhen bei normalem Außendruck oder Kabinendruck erfolgen.

Tödliche Luft- und Fettembolien sind auch der Luftfahrtmedizin seit dem zweiten Weltkrieg bekannt. Gelangen Piloten nur mit Sauerstoff, aber ohne Druckkabine schnell in Höhen über 7000 m, so entstehen im arteriellen Blut- und Zentralnervensystem keine Gasblasen, wohl aber im Fettgewebe und in der Muskulatur. Die Rückkehr zum Normaldruck entspricht einer ungenügenden Rekompression. Es besteht dabei das Risiko einer tödlichen Embolie, ebenso wie bei einer plötzlichen Druckreduktion in großer Höhe als Folge eines Überdruck-Kabinenlecks (technischer Defekt oder Durchschuß).

Unfälle und Schädigungen beim Tauchen

Ertrinken

Jeder Unfall im Wasser birgt die Gefahr des Ertrinkens in sich. Jedes Jahr ertrinken auf der Welt über 150 000 Menschen. Eine große Zahl dieser Leute konnte nicht schwimmen. Bei Schwimmern und Tauchern ist selten Unbill der Natur, sondern meist grobe Fahrlässigkeit oder momentanes Unwohlsein die Ursache. Vom medizinischen Standpunkt aus müssen wir verschiedene Ertrinkungsarten unterscheiden.

Süßwasseraspiration

Der Ertrinkungstod ist keineswegs nur durch bloßen Luftmangel gekennzeichnet. Nach einer gewissen Zeit wird meistens Wasser geschluckt, und spätestens bei Eintritt der Bewußtlosigkeit gelangt dieses auch in die Lunge. Wegen des höheren Salzgehaltes des Blutes (höherer osmotischer Druck als Süßwasser) wird eingeatmetes Süßwasser in den Lungenkreislauf aufgenommen (Hypervolämie). Die roten Blutkörperchen platzen im hyposmolaren Blutplasma. Akutes Kreislaufversagen (Herzkammerflimmern), und Tod innerhalb weniger Minuten ist die Folge, sofern nicht wirksame Herzmassage einsetzt. Aber selbst dann, wenn die Wiederbelebung gelingt, sind die Überlebenschancen oft gering, weil die Hypervolämie mit Hämolyse und Hyperkaliämie sekundär zu Lungenödem und Nierenversagen (Hämoglobinurie) führen kann. Der Verunglückte sollte daher möglichst sofort nach Wiederherstellung von Atmung und Kreislauf, auch bei scheinbar gutem Allgemeinzustand, zur weiteren Überwachung in ein Krankenhaus gebracht werden.

Salzwasseraspiration

Gelangt Salzwasser in die Lungen, so wird wegen der höheren Salzkonzentration gegenüber dem Blut (Meerwasser hat einen höheren osmotischen Druck als Blut) Flüssigkeit aus dem Blut in die Lungenbläschen gesogen. Es entsteht osmotisch bedingt ein Lungenödem und eine Hypovolämie im Kreislauf. Das Lungenödem erschwert zusätzlich die Sauerstoffaufnahme durch die Lunge und führt sehr bald zum Herzstillstand infolge Sauerstoffmangels. Dieser Vorgang spielt sich etwas langsamer ab als beim Ertrinken im Süßwasser. Auch hier sollte der Verunglückte nach erfolgreicher Wiederbelebung möglichst schnell in ein Krankenhaus gebracht werden, da noch nach Stunden aufs neue schwerste thromboembolische Komplikationen eintreten können, die rasches ärztliches Eingreifen erfordern.

Da bekanntlich kein steriles Wasser aspiriert wird, kommt es nach erfolgreicher Wiederbelebung meist zu sekundären Pneumonien.

„Trockenes" Ertrinken

Beim gesunden, nicht völlig erschöpften Menschen führt das Eintreten von Wasser in den Nasenrachenraum zu Husten- und Schluckreflexen, die ein Eindringen von Flüssigkeit in die Lungen weitgehend verhindern. Bevor ein unwillkürliches Schnappen nach Luft erfolgt, kann es zu einer vollständigen Atemlähmung kommen, evtl. kombiniert mit einem Stimmritzenkrampf. Auf diese Art bleiben die Lungen trocken, und sofortige Wiederbelebungsmaßnahmen haben größte Aussichten auf Erfolg.

Immersionsschock

Selten kann auch ein Sprung ins kalte Wasser zu akuten Atem- und Kreislaufversagen führen (sog. Immersionsschock).

Schwimmunterricht sollte daher nicht in zu kaltem Wasser erteilt werden. Außerdem ist es ratsam, sich vor dem Sprung ins kalte Wasser nach Möglichkeit zu benetzen.

Tod im Wasser

Die Funktionen von Atmung, Kreislauf und Nervensystem können zufälligerweise auch einmal im Wasser plötzlich versagen (Herzinfarkt, Hirnschlag usw.). Der Betroffene sinkt dann meist unvermutet lautlos ab und stirbt in der gleichen Weise, wie dies auch ohne das Zutun von Wasser geschehen würde. Oft endet aber ein an Land normalerweise harmlos verlaufender Zwischenfall (Ohnmacht, epileptischer Anfall usw.) im Wasser mit dem Tode, da der Betroffene als Folge seines Unfalls ertrinkt (sog. sekundäres Ertrinken). Vom kriminalistischen Standpunkt aus muß immer auch daran gedacht werden, daß jemand bereits tot ins Wasser gebracht wurde.

Tod nach Wiederbelebung

Von allen erfolgreich Reanimierten sterben noch rund 25% an Sekundärkomplikationen (Aspirationspneumonie, Herz- und Kreislaufversagen), was nochmals die Notwendigkeit einer sofortigen Einweisung in die Klinik, nach Möglichkeit mit Intubation und Sauerstoffbeatmung, unterstreicht.

Barotraumen

Unter einem Barotrauma versteht man die Schädigung des Tauchers aufgrund von Druckunterschieden zwischen der Umgebung und seinen lufthaltigen Körperhöhlen (Abb. 8) sowie ausrüstungsbedingten Hohlräumen.

Man beachte, daß es in einigen Büchern auch davon abweichende Definitionen gibt. Wir erachten unsere Definition als didaktisch vorteilhaft wegen der großen differentialdiagnostischen und therapeutischen Bedeutung, da das so definierte Barotrauma im Gegensatz zum Dekompressionsunfall im allgemeinen keiner Überdruckkammerbehandlung bedarf (Ausnahme Barotrauma der Lunge mit lebensgefährlichen Luftembolien).

Mittelohr und äußerer Gehörgang

Der Druckausgleich im Mittelohr kommt beim Abtauchen normalerweise durch aktives Öffnen der Tubenkanäle (Valsalva-Manöver) zustande, beim Auftauchen erfolgt er jedoch passiv, da bereits ein Überdruck von 10–15 cm Wassersäule in der Paukenhöhle genügt, um den Druckausgleich mit dem oberen Nasenrachenraum herzustellen. Entzündliche Schleimhautschwellungen im Bereich des oberen Nasenrachenraumes (Schnupfen, Tubenkatarrh, Heuschnupfen usw.), aber auch Narben von Mandeloperationen können den Druckausgleich erschweren oder unmöglich machen (Abb. 14). Wird dennoch getaucht, so kommt es infolge des relativen Unterdrucks in der Paukenhöhle zu einem stechenden Schmerz, der durch die einseitige Druckbelastung des Trommelfells bedingt ist. Übersteigt die Druckbelastung einen

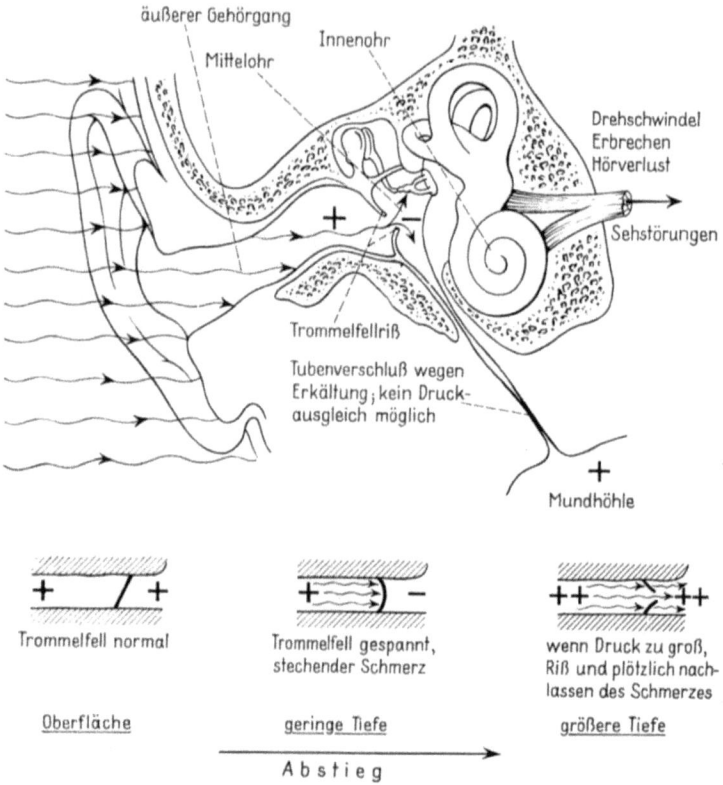

Abb. 14. Barotrauma des Mittelohrs mit Trommelfellriß. Wird der Wasserdruck im äußeren Gehörgang zufolge ungenügenden Druckausgleichs im Mittelohr wegen Tubenverschluß zu groß, reißt das Trommelfell ein. Das nachströmende Wasser reizt das Innenohr und kann den Taucher lebensgefährliche Symptome wie Drehschwindel usw. hervorrufen

Wert von etwa 0,5 bar, so reißt das Trommelfell unter plötzlichem Nachlassen des stechenden Schmerzes ein.

Sind die Trommelfelle bereits durch frühere Perforationen und Entzündungen geschädigt, so reißen sie schon bei viel geringeren Druckunterschieden. Beim Tauchen kommt es dann zum Eindringen von kaltem Wasser in die Paukenhöhle und oft zur Reizung des benachbarten Gleichgewichtsorgans. Dies führt zu Drehschwindel, Sehstörungen (Nystagmus) und Übelkeit bis zum Erbrechen. In seltenen Fällen entsteht sofort Bewußtlosigkeit als Folge eines Labyrinthschocks. Ist die Druckdifferenz dagegen gering, so kommt es nicht zum Einreißen des Trommelfells. Durch den relativen Unterdruck in der Pauken-

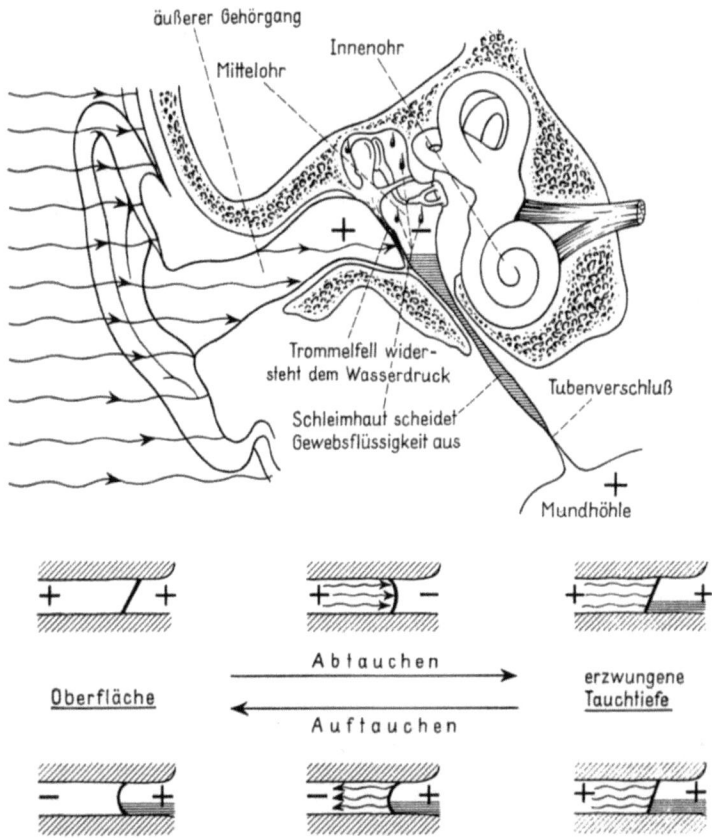

Abb. 15. Barotrauma des Mittelohrs ohne Trommelfellriß. Wird das Abtauchen trotz ungenügender Druckausgleichsmöglichkeit langsam erzwungen, kommt es durch den relativen Unterdruck in der Paukenhöhle zu einem blutigen Flüssigkeitsaustritt. Dieser hält an, bis das fehlende Luftvolumen im Mittelohr durch die austretende Flüssigkeit kompensiert ist. Während des Auftauchens können erneut starke Ohrenschmerzen eintreten, da dem komprimierten Luftvolumen im Mittelohr nicht mehr der gleich große Paukenhöhlenraum zur Verfügung steht wie vor dem Abtauchen

höhle wird aus der Schleimhaut so lange Flüssigkeit austreten, bis das fehlende Luftvolumen im Mittelohr durch Gewebsflüssigkeit kompensiert ist (Abb. 15).

Bei Trommelfellrissen in verschmutzten Gewässern entstehen leicht infektiöse Mittelohrentzündungen. Alle Mittelohrschäden führen zur Beeinträchtigung des Hörvermögens. Unkomplizierte Trommelfellrisse heilen in 1–6 Wochen ab. Während dieser Zeit soll selbstverständlich nicht getaucht werden. Vor der Verwendung schleimhautab-

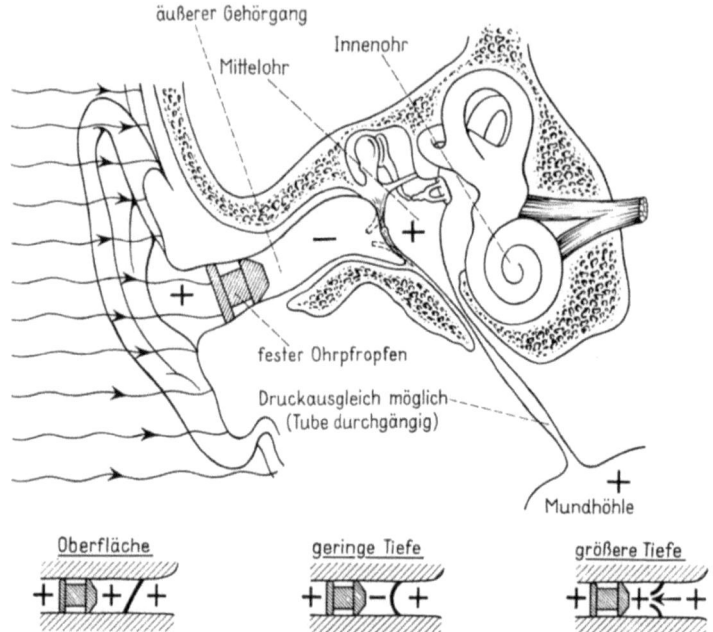

Abb. 16. Barotrauma des äußeren Gehörgangs durch Ohrpfropfen. Ein festsitzender, den äußeren Gehörgang total verschließender Ohrpfropf führt beim Abtauchen zu einem relativen Unterdruck im Gehörgang. Dies kann zum Einreißen des Trommelfells durch den relativen Überdruck im gut ventilierten Mittelohr führen

schwellender Mittel, in der Annahme, bei Entzündungen des Nasenrachenraumes lasse sich auf diese Weise Tauchfähigkeit erzwingen, sei ausdrücklich gewarnt. Ihre Wirkung hält selten so lange an, wie der Tauchgang dauert. Infolgedessen kommt es dann sehr oft zu Barotraumen beim Aufsteigen. Ihr Entstehungsmechanismus ist der gleiche, wie oben beschrieben, nur mit vertauschten Druckvorzeichen.

Ohrpropfen oder dicht anliegende Kappen lassen zwischen Trommelfell und äußerem Gehörgang einen nicht ventilierten Hohlraum entstehen. Beim Tauchen kann sodann das Trommelfell von der Seite der Paukenhöhle her eingedrückt werden (Abb. 16). Ist der Gehörgangspfropf jedoch beweglich wie ein Spritzenstempel, so wird er in den Mittelohrraum hineingedrückt und verursacht auf diese Weise Schmerzen und Trommelfellverletzungen (Abb. 17).

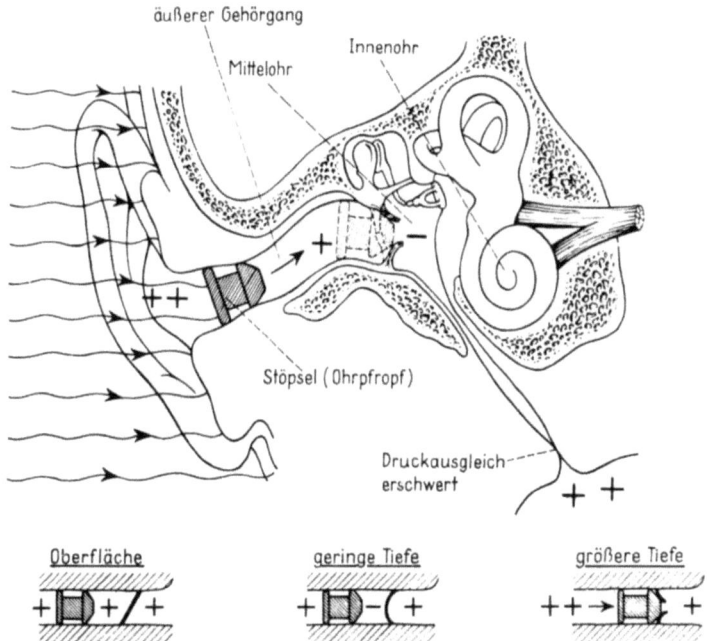

Abb. 17. Barotrauma des Trommelfells durch Stöpselwirkung. Ein beweglicher, den äußeren Gehörgang total verschließender Ohrpfropf wird durch den beim Abtauchen entstehenden relativen Unterdruck gegen das Trommelfell bewegt. Ist der Ohrpfropf verletzend spitzig oder der Druckausgleich im Mittelohrraum zusätzlich erschwert, wird das Trommelfell von außen durch die Stöpselwirkung des Fremdkörpers perforiert

Brillen- und Nasenraum (Abb. 18)

Der bewegliche weiche Gaumen (Gaumensegel) bildet einen ventilartigen Verschluß zwischen Mund- und Nasenhöhle. Dieser Ventilverschluß verhindert, daß zum Beispiel beim Schlucken Speisen in den Nasenraum gelangen. Er dient auch der willkürlichen Unterdruckbildung in der Mundhöhle beim Saugen und hindert z. B. beim Aufblasen eines Ballons die Luft am Entweichen durch die Nase.

Beim Gerätetauchen wird durch den Mund ein- und ausgeatmet und die Mundhöhle dabei unbewußt mit dem Gaumensegel zur Nasenhöhle hin abgedichtet. Wird nun der beim Tauchen entstehende Unterdruck in der Nasenhöhle nicht ausgeglichen, so kommt es zu einem Barotrauma der Nasenhöhle und möglicherweise auch der Nasennebenhöhlen, ferner im Brillenraum, da diese Räume mit der Nasenhöhle direkt in Verbindung stehen.

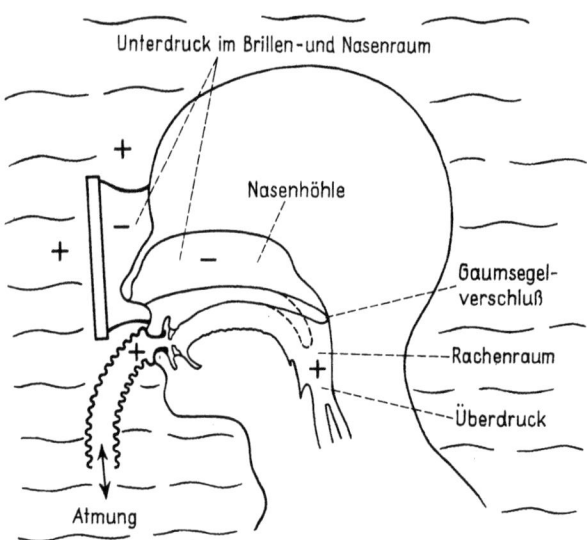

Abb. 18. Barotrauma der Augen und Nasenhöhlen. Wird mit einem Atemgerät abgetaucht und dabei mit dem Gaumensegel die Nasenhöhle ständig reflektorisch abgedichtet gehalten, kann bei einem starren Brillenrand ein Unterdruck im Brillen-Nasen-Raum entstehen. Dies führt zu einem Barotrauma der Augen und evtl. auch der Nasen- und Nasennebenhöhlen. Der gleiche Unfallhergang kann auch bei Apnoetauchern beobachtet werden

Besteht eine Taucherbrille oder eine Maske aus starrem Material und liegt sie der Gesichtshaut dicht an ohne Verbindung zum Nasenrachenraum, so kann beim Absteigen infolge ungenügenden Druckausgleichs (fehlender Luftnachschub) zwischen Sichtscheibe und abgedecktem Bereich des Gesichts ein Barotrauma entstehen. Besonders die Augen sind durch den relativen Unterdruck gefährdet. Augenblutungen und bleibende Sehschäden können die Folge sein. Taucherbrillen sollten daher stets einen „Nasenerker" haben, der ständigen Druckausgleich durch die Nase ermöglicht.

Ist dies beim Apnoetauchen nicht erwünscht, weil Lungenvolumen infolge Verlagerung von Luft in den Brillenraum verlorengeht, so sind Taucherbrillen aus genügend elastischem Material zu verwenden, die durch Nachgeben den Druckausgleich bewerkstelligen.

Warzenfortsatzzellen (Abb. 8 und 9)

Sie stehen mit dem Mittelohrraum in Verbindung und sind nicht bei allen Menschen gleich lufthaltig. Erfolgt der Druckausgleich infolge entzündlicher Schleimhautschwellungen nur mangelhaft, so stellt sich hinter den Ohren im Bereich des Warzenfortsatzes ein schmerzhaftes Druckgefühl ein, das äußerst unangenehm ist. Man hat das Gefühl, als würde der Schädel unmittelbar hinter den Ohren zwischen einen Schraubstock geklemmt. Meist besteht jedoch gleichzeitig eine Infektion des oberen Nasenrachenraumes, die den Druckausgleich im Mittelohr zusätzlich erschwert. Dann ist weiteres Tauchen auch aus diesem zweiten Grunde zu unterlassen.

Stirnhöhlen (Abb. 8 und 9)

Sie sind, nach den Mittelohrräumen, der häufigste Sitz von Barotraumen. Ein Verschluß dieser Höhlen durch entzündliche Schleimhautschwellungen ist etwa dreimal häufiger als derjenige der Kieferhöhlen. Es kommt zu einem dumpfen Druck- und Schmerzgefühl über der Nasenwurzel, das oft als Stirnkopfweh interpretiert wird. Taucht man trotzdem weiter, so werden die Schmerzen heftiger und stechender. Oft treten später Blutungen auf, die fälschlicherweise als „Nasenbluten" ezeichnet werden.

Kieferhöhlen (Abb. 8 und 9)

Ist ihre Verbindung zum Nasenraum verlegt, so kann ein Unterdruck bis zu einer Atmosphäre entstehen. Dies führt zum Anschwellen der raumauskleidenden Schleimhäute, bis schließlich durch Austreten von Gewebsflüssigkeit und Blut das fehlende Luftvolumen dem Druck der Tauchtiefe entsprechend kompensiert ist (vgl. auch Abb. 15).

Dadurch wird der Druck gewaltsam unter stechenden Schmerzen ausgeglichen. Anfänglich besteht oft ein Schmerz, als ob die Zähne aus dem Oberkiefer gedrückt würden. Auch hier kann es später zu Blutaustritt durch die Nase kommen.

Siebbeinzellen und Keilbeinhöhle (Abb. 8 und 9)

Sie sind recht selten Sitz eines Barotraumas. Allen Barotraumen der Nasennebenhöhlen ist gemein, daß sie zu Blutungen führen, die später oder auch sofort im Auswurf und im Nasensekret nachweisbar sind. Reißen größere Blutgefäße, so erfordert die Blutstillung ärztliche Hilfe. Es versteht sich von selbst, daß beim Auftreten von Schmerzen in den Schädelhöhlen ein weiteres Abtauchen nicht um jeden Preis erzwungen werden soll.

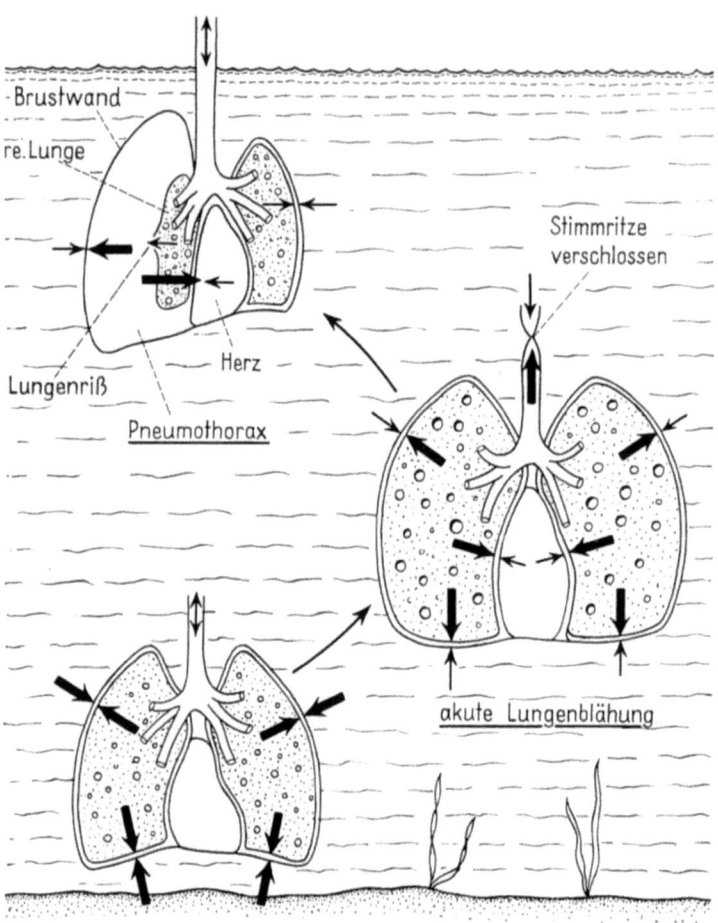

Abb. 19. Barotrauma der Lunge. Bei Panikaufstiegen kann es leicht zu reflektorischen Stimmritzenkrämpfen und akuter Lungenblähung kommen. Dies führt zu Lungenrissen, als Folge davon entsteht ein Pneumothorax oder sogar Spannungspneumothorax mit Hautemphysem

Zähne

In lufthaltigen Zahnfüllungen treten Schmerzen auf, die sich als Zahnweh vorwiegend beim Auftauchen bemerkbar machen. Sie unterscheiden sich von den durch Karies bedingten Zahnschmerzen durch sofortige Besserung nach Rekompression. Es empfiehlt sich, nach dem Auftreten solcher Schmerzen baldmöglichst einen Zahnarzt aufzusuchen.

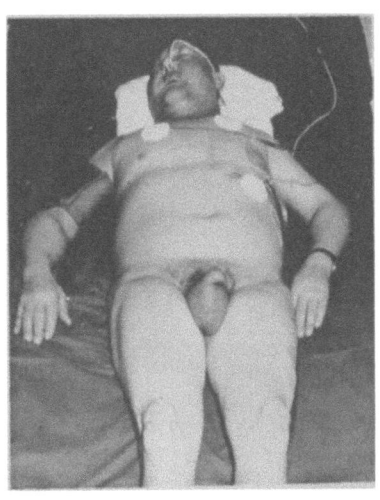

Abb. 20. Patient mit generalisiertem Hautemphysem bei Lungenriß mit Mediastinalemphysem Augenlid- und Hodensackschwellung sind ebenfalls luftbedingt

Lungen (Pneumothorax, Haut- und Mediastinalemphysem)
(Abb. 19 und 20)

Muß im Notfall rasch aufgetaucht werden (schneller als 15m/min) und wird dann, z. B. nach Abwurf des Tauchgerätes, die Luft am Ausgleich mit dem Druck der entsprechenden Wassertiefe gehindert, so kommt es zu einer akuten Lungenblähung. Der zugrundeliegende Verschluß kann regionär sein (Emphysem, Bronchitis, Asthmaanfall) oder aber die ganze Lunge (Stimmritzenkrampf) betreffen. Bei Angstreaktionen oder nach Kaltwasseraspiration ist ein reflektorischer Verschluß der Stimmritze leicht möglich. Dann kommt es beim Auftauchen zu einer Überdehnung der gesamten Lunge, bis an der schwächsten Stelle ein Riß entsteht. Häufig beim Auftauchen von 2 Tauchern, die abwechselnd aus einem Atemgerät Luft atmen! Je nach Entstehungsort des Lungenrisses stellen wir verschiedene Krankheitszeichen fest.

1. *Zentraler Lungenriß.* Entweicht die Luft ins Mediastinum (Mediastinalemphysem), so bahnt sie sich zumeist ihren Weg weiter bis unter die Haut des Nackens, die anschwillt und beim Anfassen knistert (Hautemphysem) (Abb. 20).
2. *Peripherer Lungenriß.* Reißt die Lunge im Bereich des Lungenmantels (Pleura visceralis), so tritt die Luft sofort in den Pleuraspalt aus. Es entsteht ein Pneumothorax, die Luft im Pleuraraum komprimiert

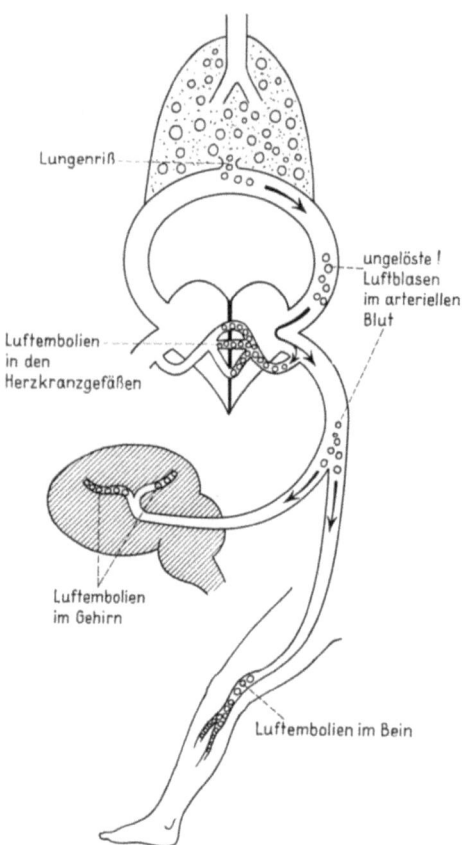

Abb. 21. Luftembolien als Folge eines Barotraumas der Lunge. Durch einen meist zentral gelegenen Lungenriß können beim Auftauchen ungelöste Luftblasen in den Körperkreislauf gelangen. Diese führen in der Kreislaufperipherie zu akuten Durchblutungsstörungen, welche besonders in den Herzkranzgefäßen und im Gehirn lebensgefährliche Komplikationen verursachen

unter Umständen die noch intakte Lungenseite (Spannungspneumothorax), was zu akuter Atemnot und Herzversagen führen kann (Abb. 19).

Reißen auch Blutgefäße der Lunge ein, so tritt ein erheblicher Teil der Luft ungelöst ins Blut über und gelangt ins linke Herz und von dort in den Körperkreislauf (Abb. 21). Je nach Auffangort der ungelösten Luftblasen (Luftembolie) entstehen in den entsprechenden peripheren Gebieten Durchblutungsstörungen. Gelangen die Luftblasen ins Gehirn, so führt dies sofort zu Lähmungen, Krämpfen und oder Bewußtlosigkeit; in den Herzkranzgefäßen zu Herzversagen (Herzinfarkt).

Die Behandlung von Luftembolien in lebenswichtigen Organen (Herz, Gehirn) muß innerhalb von Minuten einsetzen. Die sofortige Rekomprimierung des verunglückten Tauchers in einer bereitstehenden Druckkammer, mit Pneumothorax verlangt optimale gleichzeitige ärztliche Betreuung, was selten gegeben ist.

Die fatalen Luftblasen können durch reine Sauerstoffatmung unter normalatmosphärischen Bedingungen meist genügend schnell „in Lösung" gebracht werden. Komplikationen, wie Herzstillstand, etc. und Pneumothoraxdrainage sind außerhalb der Überdruckkammer einfacher zu beherrschen.

Schaumiges Blut vor dem Mund kann die Differentialdiagnose zum wasseraspirationsbedingten Lungenödem schwierig machen.

Durch zweckentsprechende Lagerung des Tauchers – auf die linke Seite, Kopf möglichst tief –, versuche man die Blasenansammlung von lebenswichtigen Zentren (Gehirn und Herzkreislauf) fernzuhalten. Die Luftblasen steigen auch im Körper vorzugsweise nach den höchst gelegenen Stellen. Gewebshypoxie und entsprechende Ausfallerscheinungen (epileptische Anfälle, Kammerflimmern, Emboliesschmerz in den peripheren Gefäßen) sind die Folge.

Das Barotrauma der Lunge beobachten wir bereits bei Panikaufstiegen aus wenigen Metern Tiefe. Jeder Taucher sollte daher so geschult werden, daß er ohne Gerät aus größeren Tiefen unter ständigem Ablassen von Luft mit einer Geschwindigkeit von weniger als 15 m/min an die Oberfläche aufsteigen kann.

Magen-Darm-Trakt

Der Gasgehalt des Magens wird vorwiegend durch Schlucken von Luft bestimmt. Aber auch gewisse Speisen führen zu Überblähungen des Magen-Darm-Traktes. Bei der Dekompression können infolge der Ausdehnung von Gasen schmerzhafte Krämpfe im Bauch entstehen, falls die Luft nicht nach oben oder unten entweichen kann. Unter Umständen wird wegen solcher kolikartiger Schmerzen eine Rekompression in der Überdruckkammer notwendig. Bessern sich diese Schmerzen unter Überdruck nicht, so ist eine andere Schmerzursache anzunehmen und diagnostisch abzuklären.

Haut (Trockentauchanzüge)

Der Trockentauchanzug verhindert den direkten Kontakt zwischen Haut und Wasser. Er ist oft wenig geschmeidig und liegt der Haut eng an. Zwischen Anzug und Körper können daher abgeschlossene Lufträume entstehen, die wegen der Starre dieser Anzüge nicht ganz in einem der jeweiligen Tauchtiefe entsprechenden Ausmaß komprimitiert werden. Der dadurch entstehende Unterdruck zwischen Haut und Anzug führt zu einer Saugverletzung, die sich an rötlich-blauen Streifen und Flecken erkennen läßt. Sie bedürfen jedoch keiner Behandlung. Durch Tragen von Unter- oder volumenskonstanten Anzügen können solche Saugverletzungen der Haut vermieden werden.

Dekompressionsunfälle (Druckfallkrankheit)

Ein Dekompressionsunfall entsteht, wenn durch zu rasche Außendruckreduktion irgendwo im Körpergewebe die Inertgaslöslichkeitsgrenze überschritten wird (kritische Übersättigung). Je nach dem Ort der Blasenbildung entstehen typische Krankheitsbilder, die dem Taucher recht geläufige Namen tragen wie Caissonkrankheit, Taucherflöhe, Bends, Blow up.

Bei einem Barometerdruck von 1 bar wird ein Stickstoffüberdruck im Gewebe von 1,6 bar toleriert (sog. Haldanefaktor). In 10 m Tiefe beträgt der geatmete Stickstoffteildruck (ca. $2\,\text{bar} \times 0{,}79 = 1{,}58\,\text{bar}$), also nicht mehr als 1,6 bar. Deshalb kann man nach einem beliebig langen Tauchgang in 10 m Tiefe stets ohne Dekompressionshalte unverzüglich und gefahrlos wieder an die Oberfläche zurückkehren (Ausnahme Bergseen!).

Dekompressionsunfälle beobachtet man daher im Gegensatz zu Barotraumen nur nach Tauchgängen in Wassertiefen über 10 m entsprechend 1 bar Überdruck = 2 bar Gesamtdruck.

Die verschiedenen Körpergewebe sättigen sich bei Überdruckexposition unterschiedlich schnell und geben insbesondere das Gas bei Außendruckreduktion verschieden schnell ab. Auf Grund von empirischen Untersuchungen fand man, daß 14 Halbwärtszeiten von 5 bis 635 min mit 7 verschiedenen Übersättigungsfaktoren für die Dekompressionsberechnung für Gesunde genügen (Tabelle 3).

Tabelle 3. Dekompressionsberechnung

Halbwärtszeiten für Stickstoff in min	5	15	25	40	50 80	120 240	280 635
Tolerierte Übersättigungsfaktoren	2,3	2,05	1,85	1,75	1,66	1,58	1,50

Je nach Tauchtiefe und Tauchdauer sind somit andere Gewebe auftauchlimitierend mit verschiedenen kritischen Übersättigungsfaktoren von 1,5–2,3.

Primär leichte Unfälle

Sind keine vitalen Organe und Funktionen (Zentralnervensystem, Atmung, Kreislauf) betroffen, so sprechen wir von leichten Dekompressionsunfällen.

Gelenke, Muskeln und Knochen („Bends")

Schon am Ende des letzten Jahrhunderts wurden Unterwasserarbeiten im Trockenen ausgeführt. Hierzu wird eine Glocke auf den Wassergrund gesenkt, in die man von oben über eine Schleuse – nach Verdrängung des Wassers durch einen der Wassertiefe entsprechenden Überdruck – einsteigt. Einen solchen im Wasser stehenden Überdruckraum nennt man Caisson (Abb. 10).

Oft klagen die Caissonarbeiter und Taucher nach mehrstündigem Überdruckaufenthalt über Schmerzen in den Gelenken (sog. Bends) und muskelkaterähnliche Beschwerden. Diese können so stark werden, daß der Befallene nicht mehr gehen kann und sich vor Schmerzen am Boden wälzt. Meistens werden die Schmerzen in Ellenbogen-, Schulter-, Knie- oder Hüftgelenken lokalisiert. Die in diesen Knochenteilen auftretenden Stickstoffblasen zerstören die Knochenstruktur (oft auch ohne Symptome), was nach einiger Zeit im Röntgenbild nachgewiesen werden kann. Bei häufigen Unfällen dieser Art kommt es zu arthrotischen Gelenkbeschwerden. Früher nannte man diese Beschwerden etwas unpräzise einfach Taucherkrankheit.

Treten die beschriebenen Beschwerden nach einem Tauchunfall auf, muß der Betroffene sofort in eine Druckkammer gebracht und bis zum völligen Verschwinden der Schmerzen rekomprimiert werden. Anschließend wird der Druck langsam gemäß Behandlungs-Dekompressions-Tabelle reduziert (s. Therapietabellen 6 und 7, S. 79 und 81).

„Bends" können noch 24–28 Stunden nach einem Tauchgang mit ungenügender Dekompressionszeit auftreten. Hat man einmal die Auftauchzeiten nicht ganz eingehalten, ohne jedoch sofort Schmerzen zu verspüren, ist es ratsam, sich nach dem Standort der nächstgelegenen Druckkammer zu erkundigen. Einnahme von Schmerzmitteln hilft bei starken „Bends" kaum. Die einzige richtige Behandlung besteht in der Rekompression, bis sich die schmerzverursachenden Stickstoffblasen wieder im Gewebe gelöst haben. Es ist das Verdienst des großen französischen Physiologen PAUL BERT die pathophysiologischen Zusammenhänge der Caissonkrankheit aufgeklärt und die Therapie hierfür angegeben zu haben (PAUL BERT: La pression barometrique. Paris: Masson 1878).

Haut („Taucherflöhe")

Die ersten Anzeichen einer ungenügenden Dekompression sind oft kleine juckende, rote flohstichartige Hautflecken, die durch ungelöste Gasblasen in der Haut hervorgerufen werden. Man bezeichnet dieses Krankheitsbild typischerweise als „Taucherflöhe". Beim Auftreten dieser Beschwerden ist, um Schlimmerem vorzubeugen, sofortige Rekomprimierung zu empfehlen (s. auch das Behandlungsschema Tabelle 9, S. 83).

Primär schwere Unfälle

Sind primär die vitalen Organe und Funktionen (Zentralnervensystem, Atmung, Kreislauf) betroffen, sprechen wir von schweren Dekompressionsunfällen.

Zentralnervensystem

Das Nervensystem gehört zu den schnell sättigenden Geweben. Nach kurzen Tauchgängen ist es daher meist austauchlimitierend. Als Folge zu schnellen Auftauchens kommt es meist mit einer Latenz von Minuten, zu epileptischen Anfällen, Lähmungen, Gefühllosigkeit etc. je nach dem Sitz der symptomauslösenden Gasblase. Nur eine sofortige Überdruckbehandlung kann den Taucher vor dauernden Schäden, halbseitigen Querschnittslähmungen etc. retten.

Atmung und Kreislauf

Werden die Dekompressionszeiten so gröblich mißachtet, daß sogar im Blut Gasblasen entstehen, sprechen wir auch von der *primären Gasembolie*. Diese beobachtet man häufig auch nach korkzapfenartigen Panikaufstiegen. Die Gasblasen entstehen sowohl im arteriellen wie im venösen Gefäßsystem. Die dadurch bedingten funktionellen Ausfälle sind meist generalisiert. Der Taucher wird sofort bewußtlos und stirbt, wenn keine Rekompressionsmöglichkeit besteht, meist im Schock an Atem- und Kreislaufversagen.

Sekundäre Gas- und Fettembolien

Den sogenannten *sekundären Gasembolien* gehen oft Anzeichen eines lokalen Dekompressionsunfalls („Bend") voraus. Die z. B. in der Muskulatur oder im Fettgewebe entstandenen Gasblasen werden nach dem Auftauchen größer und zerstören die Gewebestruktur, worauf sie plötzlich in den Kreislauf eingeschwemmt werden. Diese Gasblasen werden zusammen mit Fettropfen vom venösen Blut zum rechten Herzen transportiert und gelangen von dort in die Lungen, wo sie die feinen Lungengefäße verstopfen.

So entstehen plötzliche Atemnot, verbunden mit schnellem Puls, Brustschmerzen und Hustenanfällen. Ist die in den Lungenkreislauf gelangte Fett- und Gasmenge genügend groß, kommt es unter zunehmendem Erstickungsgefühl und Blaufärbung der Haut zu Bewußtlosigkeit und evtl. zum Tode infolge akuten Versagens des rechten Herzens. Auch hier hilft nur eine Schocktherapie (Plasmaexpander) und O_2-Beatmung.

Wir haben bereits erwähnt, daß auch die Herzkranz- und Hirngefäße betroffen werden können (vergleiche auch die Gasembolie als Folge eines Barotrauma der Lunge). Der durch die Gasblasen angerichtete Schaden ist unabhängig vom Entstehungsmechanismus der Gasembolie (Dekompressionsunfall oder Barotrauma der Lunge).

Die Therapie bleibt die gleiche, der Verunglückte soll nur in die Überdruckkammer gebracht werden, wenn dort optimale medizinische Behandlungsmöglichkeiten bestehen oder falls noch therapeutisch anzugehende schwere primäre Dekompressionsunfallzeichen wie Lähmungen bestehen, da Nervenzellen unersetzlich und besonders anfällig für Sauerstoffmangel bei Dekompressionsschäden sind. Liegt eine Herz- und Ateminsuffizienz vor, wird man vorerst diese unter normalatmosphärischen Bedingungen mit Sauerstoffatmung etc. zu beherrschen versuchen.

Innenohrschädigung

Bei zu schneller Druckreduktion aus Tiefen über 50 m (insbesondere auch beim Tauchen mit Heliumgemischen) beobachtet man oft ein plötzliches Auftreten von Erbrechen, Drehschwindel mit Taubheit oder abnormen Geräuschsensationen und Gleichgewichtsstörungen. Die Symptome verlangen eine sofortige Rekompression. Siehe auch Behandlungsschema Tabelle 7, S. 81).

Atemgasbedingte Gefahren

Zu hohe Teildrucke von Stickstoff, Sauerstoff und Kohlendioxyd führen im Organismus zu Schädigungen. Auch Verunreinigungen des Atemgases, z. B. mit Kohlenmonoxyd und anderen giftigen Gasen oder zu wenig Sauerstoffgehalt im Atemgasgemisch schädigen den Körper. Die dadurch hervorgerufenen Krankheitsbilder sollen hier kurz besprochen werden.

Tiefenrausch (Stickstoff-Inertgasnarkose)

Tauchen wir mit Preßluft tiefer als 40 m, so stellen wir bald fest, daß wir nicht mehr so vernünftig und schnell reagieren wie an der Oberfläche oder in geringeren Wassertiefen. Wir werden leicht kritiklos und angeheitert, ähnlich wie im Alkoholrausch. Taucht man mit Luft tiefer als 100 m, so tritt bald Bewußtlosigkeit ein.

Der sogenannte Tiefenrausch beruht auf einer „Vergiftung" des Nervensystems, durch den zu hohen Stickstoffteildruck in der Atemluft als Folge der zunehmenden Tauchtiefe. Ist der Organismus durch Krankheit oder z. B. nach durchzechter Nacht durch Schlafmangel und Alkohol geschwächt, kann der Stickstoffrausch schon in Tiefen von 30 m auftreten. Bei starker körperlicher Belastung scheint der Mensch weniger hohe Stickstoffteildrucke zu ertragen als in Ruhe.

Nicht jeder toleriert gleichviel Stickstoff. Der einzelne ist in seiner Anfälligkeit außerdem großen Tagesformschwankungen unterworfen. Es ist daher gut, seine persönliche Tiefenbarriere zu kennen und vor allem nicht zu überschätzen.

Tiefenrauschsymptome kündigen sich nicht immer durch gehobene Stimmung an. Auch unbegründete Angst- und Schreckreaktionen können erste Anzeichen einer Inertgasnarkose sein. Wird durch Auftauchen in geringere Tiefen der Stickstoffteildruck reduziert, verschwinden die abnormen Regungen und Gefühle meist rasch.

Tauchgänge mit Luft in Tiefen über 40 m unternehme man nur in bester Kondition. Tiefer als 60 m mit Luft zu tauchen kann lebensgefährlich sein. Zudem überschreiten wir mit Luft als Atemgas bald den noch zulässigen Sauerstoffteildruck. Mit Helium als Inertgas wurde schon bis 500 m tief getaucht, ohne daß tiefenrauschähnliche Symptome festzustellen waren. Für alle Tauchgänge über 60 m sollte Helium oder ein Helium-Stickstoff-Gemisch als Inertgas verwendet werden.

Sauerstoffvergiftung (Abb. 22)

Nicht nur zu wenig, sondern auch zuviel Sauerstoff schadet dem Menschen. In Normalatmosphäre beträgt der Sauerstoffteildruck rund 0,21 bar. Tauchen wir in eine Tiefe von 50 m, versechsfacht sich der Sauerstoffteildruck der Atemluft; $6 \times 0{,}21 = 1{,}26$ bar.

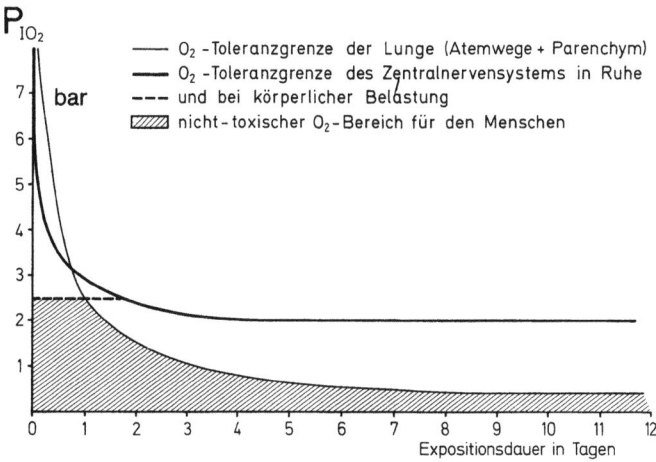

Abb. 22. Sauerstofftoxizitätsgrenzen des Menschen als Funktion des inspirierten O_2-Partialdruckes (P_{IO_2}) in bar und der Expositionszeit in Tagen

Je nachdem wie hoch und wie lange der Sauerstoffpartialdruck auf uns einwirkt, beobachten wir verschiedene Symptome respektive Schädigungen (Abb. 22). Man unterscheidet toxische Wirkungen auf

a) Atemwege,
b) Lungenparenchym,
c) Zentralnervensystem.

Beim Atmen von Luftgemischen mit supranormalen Sauerstoffpartialdrucken (mehr als 0,2 bar und weniger als 1 bar) kommt es meist zuerst zu einem trockenen Gefühl im Hals, Hustenreiz und Stechen unter dem Brustbein als Zeichen der Reizung der zentralen Atemwege. Später können sich Atemnot, Stechen in der Brust als Zeichen von Aklektasen und Diffusionsstörung als Folge eines sauerstofftoxischen Lungenödems einstellen.

Diese langsam auftretende Sauerstoffvergiftung beobachtet man bei freien Tauchgängen mit Luft praktisch nie, da man sich selten genügend lang (über Stunden) in Tiefen von 50 m und mehr aufhält. Gefährlicher sind Geräte mit reinem Sauerstoff als Atemgas (geschlossene Kreislaufgeräte), weil hiermit schon in 10 m Tiefe Sauerstoffteildrucke von 2 bar vorliegen.

Sauerstoffteildrucke von 2,5 bar und mehr können bei angestrengter körperlicher Arbeit zu einer akuten Vergiftung des Nervensystems führen. Der Taucher wird plötzlich bewußtlos, und es treten epileptiforme Krampfanfälle auf. Das Tauchen mit reinen Sauerstoffgeräten, so verlockend es auch vom technischen und militärischen Standpunkt aus erscheinen mag, ist daher nur in Tiefen bis maximal 10 m zulässig. Erste Anzeichen einer akuten Sauerstoffvergiftung des Zentralnervensystems sind Zuckungen der Gesichtsmuskulatur, besonders um Mund und Augen, Einengung des Gesichtsfeldes, weiter Ameisenlaufen in den Fingern, Kribbeln in den Lippen und Übelkeit. Diese Vorzeichen eines plötzlich drohenden Krampfanfalles, infolge zu hohen Sauerstoffteildruckes im Atemgas, können im Gegensatz zur langsam auftretenden Sauerstoffvergiftung aber auch fehlen. Bei der Sauerstoffvergiftungstoleranz sind von Taucher zu Taucher starke individuelle und auch tagesformbedingte Unterschiede festzustellen. Wie bereits erwähnt, ist auch wegen des Sauerstoffteildruckes ein Abtauchen in Tiefen über 60 m mit Luft als Atemgas bei stundenlangen Aufenthalten nicht zu empfehlen. Wird ein zu hoher Sauerstoffteildruck durch Druckreduktion gesenkt, so kommt der Verunglückte, sofern er nicht ertrunken ist, ohne irgendwelche Hilfsmaßnahmen wieder zu sich. Zungenbiß und Verletzungen durch krampfbedingte Muskelzuckungen sind im Vergleich zur Ertrinkungsgefahr unbedeutende Komplikationen.

Sauerstoffmangel

Tauchen wir mit einem Luftgerät, so kommt es nach Verbrauch der Atemgasreserve zu akutem Sauerstoffmangel, der in großer Tiefe meist mit sofortigem Ersticken endet, sofern nicht ein Tauchkamerad mit seinem Atemgerät rettend einspringt oder ein Notaufstieg noch möglich ist (Hängenbleiben an Hindernissen). Mit reinen Sauerstoffgeräten ist dagegen ein langsames Absinken des Sauerstoffteildruckes bei Stickstoffverunreinigung im geschlossenen Kreislaufsystem möglich. Dies führt vorerst zu einer vertieften und schnelleren Atmung, bis auch hier alkoholrauschartige Symptome, verbunden mit einer verminderten körperlichen und geistigen Leistungsfähigkeit, auftreten.

Die durch Sauerstoffmangel bedingte Bewußtlosigkeit kann, wenn der Sauerstoffteildruck akut abfällt, auch ohne Vorzeichen hereinbrechen, wie es beim Auftauchen nach zu langem Apnoetauchen beschrieben wurde.

Kohlendioxydvergiftung

Das Kohlendioxyd (CO_2) entsteht in unserem Körper als Endprodukt bei der Nahrungsverbrennung und wird durch die Lunge abgeatmet. Weiter finden wir es in Abgasen von Verbrennungsmotoren. Kohlendioxyd ist geruch- und geschmacklos. Atmet man kohlendioxydhaltige Luft ein, so entsteht bei genügend hoher Konzentration eine deutliche Ventilationssteigerung, die bald mit dem Gefühl von Atemnot einhergeht. Dies ist auch der Fall, wenn die mit Kohlendioxyd verunreinigte Luft genügend Sauerstoff enthält.

Bei der Wirkung des Kohlendioxydes kommt es nicht allein auf den prozentualen Gehalt an Kohlendioxyd in der Einatemluft, sondern wie immer auf den Teildruck an. Ist unsere Preßluft durch Motorenabgase verunreinigt, deren Kohlendioxydgehalt z. B. 1% bei Normalatmosphäre beträgt, was unter Umständen noch ohne große Beschwerden toleriert wird, führt diese Konzentration in 40 m Tiefe bereits zu Vergiftungserscheinungen. Eine 1%ige Kohlendioxyd-Verunreinigung entspricht in dieser Tiefe der 5fachen Verunreinigung an der Oberfläche (1% CO_2 × 5 bar = 5% CO_2 × 1 bar).

Eine solche Kohlendioxydkonzentration in der Einatmungsluft führt zu stark gesteigerter Ventilation mit Atemnot, Kopfschmerzen und Übelkeit. Anfänglich bestehen bei geringeren Kohlendioxydkonzentrationen auch hypomanische Verstimmungen, ähnlich wie im beginnenden Alkoholrausch, und wie wir sie bereits von der Beschreibung der beginnenden Stickstoffnarkose her kennen. Aus diesem Grunde wurde der Tiefenrausch auch als CO_2-Narkose interpretiert, eine Deutung, die aber den heutigen Kenntnissen nicht mehr entspricht. Dies heißt jedoch nicht, daß die CO_2-Vergiftung beim Tauchen keine Rolle mehr spielt. In geschlossenen und halboffenen Kreislaufgeräten entstehen durch ungenügende Kohlendioxydabsorption oder beim Helmtauchen durch mangelhafte Frischluftzufuhr Kohlendioxyd-Vergiftungserscheinungen, die zu tödlichen Unfällen führen können. Benimmt sich ein Taucher in der Tiefe sonderbar und wird er beim Auftauchen wieder zunehmend vernünftiger, muß man nicht nur an eine Stickstoff-, sondern auch an eine Kohlendioxydvergiftung oder an beides denken. Schließlich stellte die CO_2-Vergiftung auch in U-Booten mit defekten CO_2-Absorbern eine mögliche Unfallursache dar.

Kohlenmonoxydvergiftung

Kohlenmonoxyd (CO) entsteht nur in geringsten Mengen in unserem Körper. Auch größte Gesamtdruckzunahmen im Verlaufe von Tauchgängen lassen den natürlichen Kohlenmonoxydteildruck niemals so weit ansteigen, daß Vergiftungssymptome zu befürchten sind.

Kohlenmonoxyd ist Bestandteil von Erdgasen und entsteht durch unvollständige Verbrennungsvorgänge. Es ist wie Kohlendioxyd geruch- und geschmacklos. Für den Taucher ist die Beimischung von Kohlenmonoxyd in sein Atemgas durch Kompressorabgase oder exzessives Rauchen vor dem Abtauchen eine mögliche Vergiftungsquelle. Das Kohlenmonoxyd hemmt die Sauerstofftransportfähigkeit der roten Blutkörperchen. So erhält das Körpergewebe trotz genügend Sauerstoff in der Einatmungsluft zu wenig von diesem lebensnotwendigen Gas. Das Nervensystem und insbesondere das Gehirn versagen bald.

Der Vergiftete leidet unter Atemnot, Kopfschmerzen, Schwäche- und Schwindelgefühl und wird schließlich bewußtlos. Er sieht relativ rosig aus und atmet anfänglich noch stark.

Vergiftete müssen sofort vor weiterem Kohlenmonoxyd geschützt werden und sind mit Sauerstoff zu beatmen. Noch besser ist das Einschleusen des Kohlenmonoxydvergifteten in eine Überdruckkammer. Damit kann ein höherer Sauerstoffteildruck erreicht werden als durch reinen Sauerstoff unter normalem Atmosphärendruck. Der erhöhte Sauerstoffteildruck führt zu vermehrter Sauerstoffaufnahme des Blutes sowie schnellerem Verdrängen des Kohlenmonoxyds aus den roten Blutkörperchen und damit zu rascherem Verschwinden der Vergiftungserscheinungen. Bei Sauerstoffpartialdrucken von 2,5 bar genügt der physikalisch gelöste Sauerstoff im Blut allein (ohne Hämoglobin) für eine genügende Oxygenation der Gewebe.

Ölvergiftung

Durch schadhafte Kompressoren können Öldämpfe in die Preßluftatemgeräte und durch diese in die Lungen gelangen. Ölige Atemluft riecht und schmeckt recht unangenehm. Öldämpfe führen schnell zur Reizung der Atemwege, verbunden mit Husten und Atemnot. In Extremfällen führt das Einatmen von öligen Dämpfen zu lebensgefährlichen Lungenentzündungen und zu Bewußtlosigkeit (Öllunge).

Psychische Fehlreaktionen

Wir wollen hier noch auf einige vorwiegend psychisch bedingte Gefahren beim Tauchen aufmerksam machen.

Panikerscheinungen

Es sind nicht allein physiologisch und technisch bedingte Schwierigkeiten, die den Menschen bis vor relativ kurzer Zeit abgehalten haben, in die Wassertiefen vorzustoßen. Der Mensch mißtraut dem Wasser, es ist nicht sein Lebenselement. Trifft er irgendetwas Furchterregendes unter Wasser, so ist seine erste instinktive Reaktion, schnell zurück zur Oberfläche an die Luft zu kommen in unseren gewohnten Lebensraum. Solche Schreckreaktionen können fatal enden. Auch der erfahrenste Taucher ist gegen sie nicht gefeit. Er unterscheidet sich von einem zum Tauchen ungeeigneten Menschen nur durch seine Beherrschtheit, d. h., er bringt seine unbewußten Reaktionen rechtzeitig wieder unter Kontrolle.

Hyperventilationssyndrom

Mehr als alle übrigen lebenswichtigen Körperfunktionen ist die Atmung willkürlichen, unwillkürlichen und physiologischen Einflüssen gleichzeitig unterworfen. Wir können die Atmung willkürlich steuern (langsam, schnell, kurz, tief, Bauchatmung, Brustatmung) und sie dabei bewußt erleben oder unbewußt sich selbst überlassen. Emotionale Erregungen äußern sich mit Vorliebe in Veränderungen der Atmung. Wer kennt nicht das Luftschnappen bei plötzlicher Gefahr, den tiefen Atem der Leidenschaft, das schnelle, kurze Atmen der Angst, den Seufzer der Erleichterung usw.!

Die häufigste emotionale Entgleisung der Atmung nach „oben" ist das sog. Hyperventilationssyndrom. Ventiliert man mehr Luft, als für das Abatmen des im Körper gebildeten Kohlendioxyds notwendig ist, kommt es bald zu Ameisenlaufen und Krampfgefühlen in den Fingern. Diese Sensationen gehen mit Atemnot, Herzklopfen und Schweißausbrüchen einher, in Extremfällen tritt Bewußtlosigkeit auf.

Stellen wir im Wasser Hyperventilationszeichen fest, versuchen wir möglichst wenig zu atmen. In jedem Fall taucht man so schnell wie möglich auf. Halten die Symptome an, drücken wir dem Betroffenen z. B. ein Badetuch vor Mund und Nase, bis seine gesteigerte Atmung sich wieder normalisiert hat. Menschen, die zur Hyperventilation neigen, sind für das Tauchen ungeeignet.

Temperaturbedingte Gefahren

Wegen der größeren Wärme- und Kältefähigkeit des Wassers, im Vergleich mit der Luft, ist unser Körper beim Tauchen schnelleren und größeren Temperaturänderungen unterworfen als an der Luft.

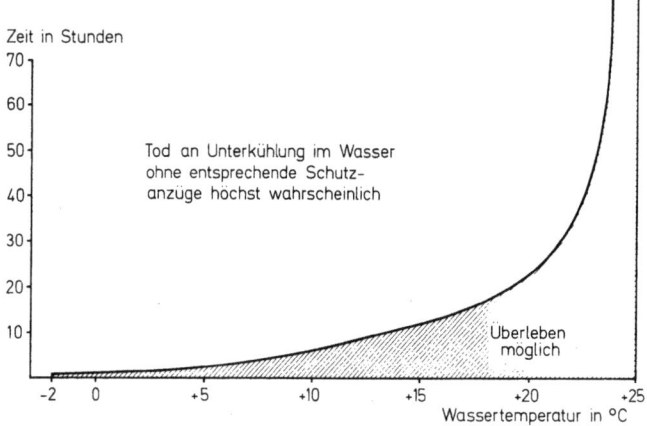

Abb. 23. Überlebungschancen im Wasser als Funktion der Aufenthaltszeit und der Wassertemperatur

Kälteschäden (Abb. 23)

Das Wasser wird von den Sonnenstrahlen nur an der Oberfläche erwärmt. Schon in wenigen Metern Tiefe ist die Temperatur um einige Grade niedriger. In dem gleichen See friert deshalb ein Taucher (ohne Tauchanzug) viel schneller als z. B. ein Mensch, der nur an der Wasseroberfläche schwimmt.

Da Fett ein schlechter Wärmeleiter ist, frieren magere Taucher schneller als dicke. Frauen haben im allgemeinen mehr Unterhautfett als Männer. Dies dürfte ein Grund dafür sein, daß in Japan seit Jahrhunderten Frauen bessere Perlenfischer sind als Männer (dafür haben sie 3 × mehr Dekompressionsunfälle!)

Heute bestehen dank den modernen Tauchanzügen allerdings andere Kriterien für die Eignung zu guten oder schlechten Tauchleistungen. Der Wärmeverlust nach außen kann durch den Körper bis zu einem gewissen Grad durch Verminderung der Durchblutung in der Haut gedrosselt werden (Gänsehaut). Die Wärmeproduktion wird durch Muskelzittern (Kälteschlottern) oder besser willentlich durch aktive Bewegung (Arbeit) gesteigert. Am Körperstamm und insbesondere im Nacken sind wir besonders kälteempfindlich. Man wird daher eher auf Tauchhosen als auf eine Tauchjacke verzichten. Mit modernen Tauchanzügen verlieren wir heute im Wasser weniger Wärme als an der Luft. Frieren mindert die geistige und körperliche Leistungsfähigkeit (Tiefenrauschanfälligkeit!).

Ein häufiges Begleitsymptom bei Kälteexposition im Wasser ist der Muskelkrampf. Zu enge Beinkleider drosseln die Durchblutung der Muskulatur, die durch Tragen von Schwimmflossen leicht überbeansprucht wird, was das Auftreten von Wadenkrämpfen zusätzlich fördert. Abkühlung des Körpers auf unter 30 °C führt meist zu Herzversagen. Unterkühlte müssen gleichmäßig aufgewärmt werden (z. B. durch ein warmes Bad). Bewegungen möglichst vermeiden, um eine plötzliche Verlagerung des Kalten „Schalen"-Blutes zum Körper-„Kern" zu verhindern (sog. Bergungstod).

Die allgemeine Unterkühlung des Körpers läßt sich in drei Phasen einteilen: In der ersten Phase (bei einer Rektaltemperatur zwischen 37 und 34 °C) sind die Abwehrmaßnahmen des Körpers noch stark. Wir beobachten Kältezittern, Schmerzgefühl an Füßen und Knien sowie Händen, dazu einen psychischen Erregungszustand. Die zweite Phase ist gekennzeichnet durch Aufhören des Muskelzitterns, das bis zur Muskelstarre gehen kann, und die Schmerzempfindung läßt nach. Die Atmung ist erschwert, der Puls sinkt ab (ca. 33–25 °C Körpertemperatur). Die dritte Phase, die eigentliche Lähmungsphase, führt meist zum Tode an irreversiblem Herzversagen (unter 25 °C Körpertemperatur).

Aus der Literatur wissen wir, daß Wiederbelebungsmaßnahmen bei Erfrorenen resp. Unterkühlten mit Rektaltemperaturen von 18–20 °C mit Erfolg durchgeführt wurden. Blutdruckabfälle werden mit körperwarmen Rheomacrodexinfusionen beherrscht, Antiarrythmika nach EKG-Befund und O_2-Beatmung sind ebenso notwendig wie bei Fieber Antibiotikagaben zur Bekämpfung sekundärer Pneumonien.

Wärmestauung

Müssen wir lange und streng unter Wasser arbeiten oder schwimmen, kann die Wärmeisolation des Tauchanzuges zu gut werden. Infolge ungenügender Wärmeabgabe steigt die Körpertemperatur an. Es treten Kopfschmerzen, Schwindel, Übelkeit, Erbrechen und evtl. Sehstörungen auf. Schließlich kommt es bei Körpertemperaturen von über 41 °C zum Kreislaufversagen. In nicht zu warmem Wasser kann diesem fatalen Ende durch rechtzeitiges Öffnen des Anzuges begegnet werden.

Das Tauchen in Gewässern mit Temperaturen über 30 °C ist daher gefährlich. In warmen Gewässern verzichtet man auf einen Tauchanzug, da die Wärmeabgabe unseres Körpers auf diese Weise besser gewährleistet ist. Anzüge, die den Organismus abkühlen, sind nur schwer herzustellen. Glücklicherweise ist ihr Anwendungsbereich sehr beschränkt, da Taucheinsätze bei Wassertemperaturen von über 30 °C kaum vorkommen. Extreme Temperatureinwirkungen können die Durchblutungsverhältnisse in unserem Körper so ungünstig beeinflussen, daß die bei „Normalbedingungen" gewonnenen Dekompressionstabellen nicht mehr gültig sind. Eine den Temperaturverhältnissen angepaßte Bekleidung schützt uns vor Unfällen und Verletzungen.

Verletzungen durch Pflanzen und Tiere

Zieht man sich beim Tauchen eine Verletzung zu, wird unverzüglich aufgetaucht und an der Oberfläche das Ausmaß der Wunde festgestellt. Der Taucher sollte über die Tier- und Pflanzenwelt seines Tauchgebietes Bescheid wissen, um einfache Verletzungen von solchen mit gefährlichen Giftwirkungen nach Möglichkeit sofort unterscheiden zu können. Muränen, Rochen, Drachenkopfarten, Tintenfische, Kalamare, Kraken, gewisse Meerschnecken und andere Lebewesen können Verletzungen verursachen. Wunden mit Giftbeimischung führen zu lokalen oder generalisierten allergischen, juckenden oder brennenden Schwellungen. Festsitzende und schwimmende Nesseltiere verursachen nach vorausgegangener wiederholter Berührung (Sensibilisierung) zumeist harmlose, den ganzen Körper bedeckende Hautausschläge. Bei besonderer Allergiebereitschaft entstehen zusätzlich Fieber (Nesselfieber) und Muskelkrämpfe. Schwindelgefühl, Schweißausbrüche verbunden mit Schüttelfrost und Kreislaufkollaps, gefolgt von Bewußtlosigkeit, Lähmungserscheinungen oder Krämpfen zeichnen das Bild schwerer Vergiftungen (Therapie: Adrenalin s. c. Antihistaminica und Cortison i. v.).

Giftstoffe gelangen beim Tauchen stets durch verletzte Hautstellen in unseren Körper. Daher versuche man, wie bei Schlangenbissen durch sofortiges Abbinden des betroffenen Körperteils und Freilegen der Wunde der Giftausbreitung zuvorzukommen. Nach Entfernung von evtl. in der Wunde liegenden Fremdkörpern desinfiziere und kühle man die verletzte Stelle durch Spülen mit Salzwasser oder Betupfen mit Salmiakgeist, Auflegen von Eis usw. Staubinden sollen alle 10 Minuten für einige Sekunden gelockert werden. Gleichzeitig sorge man für Ruhe und dafür, daß ein Arzt hinzugezogen wird. Tauchverletzungen kann durch geeignete Tauchkleidung vorgebeugt werden.

Tauchprobleme von Frauen

Menstruation, Schwangerschaft und ihre Verhütung mit Ovulationshemmern, schlechthin die Pille genannt, sind typische Frauenprobleme beim Tauchen. Viele Frauen tauchen nicht während der Menstruationsblutung weil sie sich unwohl fühlen (ca. 15%), andere haben unbegründet Angst, sie könnten durch das Menstruationsblut Haie anziehen. Rund 50% der Frauen tauchen noch in der Schwangerschaft und z.T. bis im 9. Monat. Frühgeburten werden allerdings dann ca. 3× häufiger beobachtet als bei Nichttaucherinnen. Bis 6 Wochen nach der Geburt sollte wegen der Infektionsgefahr nicht getaucht werden. Ovulationshemmer mindern die Tiefenrauschtoleranz. Die 3mal größere Dekompressionsunfallhäufigkeit von Frauen gegenüber Männern scheint aber mit der Pille nicht in Zusammenhang zu stehen, sondern eher mit der generell schlechteren Durchblutung der Körpergewebe bei Frauen. Frauen sollten daher umso mehr konservativ tauchen d.h. die in Dekompressionstabellen angegebenen Zeiten und Tiefen genau einhalten, was natürlich auch für die Männer gilt!

Körperhygiene und Ernährung

Nach dem Tauchen stehe man ohne zwingenden Grund nicht naß und frierend herum. Man ziehe vielmehr den Tauchanzug aus, bevor man zu frösteln beginnt, und trockne sich stets gut ab, wobei dem äußeren Gehörgang besondere Beachtung zu schenken ist.

Entzündung des äußeren Gehörgangs

Infektionen des äußeren Gehörgangs sind bei Tauchern und Schwimmern besonders häufig. Feuchtigkeit und Wärme zusammen mit im Gehörgang liegenbleibendem Schmutz sind günstige Voraussetzungen für das Auftreten von Infektionen (Bakterien und Pilze). Ohrenschmerzen, die besonders beim Berühren der Ohrmuschel auftreten, sowie Brennen und Jucken sind typisch für Entzündungskrankheiten im äußeren Gehörgang. Diesen kann durch konsequentes Trocknen des Gehörgangs mittels eines Wattebauches und anschließende Desinfektion, z.B. mit Merfenglyzerin, vorgebeugt werden. Oft sind die Schmerzen derart unerträglich, daß die Einnahme von Schmerzmitteln nötig wird. Klingen die Symptome nicht bald ab, suche man den Arzt auf. Gegen heftigen Juckreiz hilft 70%iger Medizinalalkohol, lokal aufgetragen, oft recht gut.

Hautinfektionen

Junge Leute neigen zu Pustelbildungen der Haut (Akne vulgaris). Durch Schwitzen, insbesondere in gummierten Tauchanzügen, und durch ungenügende Körperhygiene wird das Auftreten von Hautinfektionen begünstigt. Man wasche daher jeden Abend den ganzen Körper mit gewöhnlicher Seife oder einem speziellen Desinfektionsmittel (pHiso-Hex) bei besonderer Anfälligkeit für Hautinfektionen. Auch der Tauchanzug und die übrigen getragenen Ausrüstungsgegenstände, die mit der Haut in Berührung kommen, sollen nach jedem Tauchtag mit sauberem Wasser gereinigt werden. Man vermeide jedoch tägliches Waschen mit Desinfektionsmitteln, da dies nur in besonderen Fällen notwendig ist. Übermäßige Anwendung solcher Mittel schadet außerdem über kurz oder lang den Ausrüstungsgegenständen und der Haut.

Fast in sämtlichen Schwimmbädern, Turnhallen und öffentlichen Duschen finden wir den sog. Fußpilz (Trichophyten und Epidermophyten). Seine Lieblingslokalisationen sind feuche warme Hautfalten, insbesondere zwischen den Zehen (athlete's foot). Er nistet sich aber auch unter den Nägeln ein und ist dort besonders hartnäckig und schwierig zu behandeln. Im akuten Zustand beobachten wir brennende und juckende, in Gruppen auftretende Bläschen. Diese können auch an anderen Stellen des Körpers, vor allem an den Händen, Streuherde bilden, sog. Mikrobide. Im chronischen Stadium beobachten wir ein ständiges schuppiges Abschilfern der Haut.

Dem Auftreten des Fußpilzes wird am besten durch gutes Trocknen der Körperfalten, insbesondere zwischen den Zehen begegnet.

Die Strümpfe werden häufig gewechselt und die Füße mit einem antimykotischen Puder behandelt. Die Gummifüßlinge vertausche man nach jedem Tauchgang möglichst bald mit offenen Sandalen, damit das feuchtwarme Vorzugsklima des Fußpilzes nicht länger als nötig andauert. Der Fußpilz ist mehr unangenehm als gefährlich. Die Behandlung mit antimykotischen Mitteln (z. B. Canesten-Lösung, Daktar-Salbe usw.) führt zur Abheilung, falls sie mit genügender Ausdauer und Konsequenz durchgeführt wird. Erneutes Aufflammen der Beschwerden oder Wiederinfektion sind leider häufig. Die Pilzinfektionen der Haut sind sorgfältig abzugrenzen von Kontaktekzemen, die durch Teile der Tauchausrüstung, z. B. durch Gummi hervorgerufen werden.

Eß- und Trinkgewohnheiten

Beim Tauchen und Schwimmen benötigen wir einerseits wegen des erhöhten Wärmeverlustes und andererseits wegen der größeren Muskelarbeit für die Fortbewegungen im Wasser mehr Nahrung und Sauerstoff als an Land. Wie bei jeder Sportart gelingt es durch systematisches Training, die gleiche „äußere" Leistung mit immer weniger „inneren" Aufwand zu vollbringen.

Um körperliche Höchstleistungen zu erreichen, gilt es, einige Grundregeln der Ernährungslehre zu beachten. Wir wissen, daß man nach einem reichlichen Mahl recht müde und träge wird. Das Blut wird im Bauch für die Aufnahme der Nahrungsstoffe zentralisiert. Für die übrigen Organe steht daher weniger Blut zur Verfügung. Verlangen wir vom Körper in der Verdauungsphase sportliche Höchstleistungen, so strömt das Blut teilweise aus dem Verdauungsgebiet in die Muskulatur ab. Die zur Verfügung stehende Blutmenge reicht dann nicht mehr für beides aus, es kommt zum Kreislaufversagen. Diesem kann vorgebeugt werden, indem man folgendes beachtet:

1. Unmittelbar nach größeren Mahlzeiten geht man weder ins Wasser noch verlangt man von seinem Körper sportliche Höchstleistungen.
2. Man ißt nicht auf einmal viel, sondern öfter wenig. Muß man aus irgendwelchen Gründen Medikamente einnehmen, konsultiere man den Arzt, um sicher zu sein, daß diese eine Unterwassertätigkeit nicht zusätzlich gefährden.

Was soll vor Taucheinsätzen gemieden werden?

1. Sämtliche Getränke und Nahrungsmittel, die bei der Verdauung Gase bilden, z.B. Sprudelwasser (Coca-Cola, Most, Sekt usw.; Kohlarten, weiße Bohnen, Linsen, Erbsen, Zwiebelkuchen usw.). Auch das Rauchen lasse man sein.
2. Die Leistungsfähigkeit beeinträchtigende, schwerverdauliche Nahrungsmittel, z.B. Ölsardinen, Fondue, in Öl gebackene Käseschnitten usw. Auf leistungssteigernde Drogen verzichte man. Mangelndes Training kann durch keinerlei Pillen wettgemacht werden! Bezüglich Alkohol gilt die alte Taucherregel:

Wer trinkt und taucht, taugt nichts
Wer raucht und taucht, pißt nicht.

Erste Hilfe

Glücklicherweise sind die verschiedenen aetiologischen Mechanismen, die zu akuter Lebensgefahr führen, für die erste Hilfeleistung recht wenig entscheidend. Ziel unserer Anstrengungen muß sein, den Verunglückten möglichst rasch aus dem Wasser zu bergen und die Funktionen von Atmung und Kreislauf, wie bei jedem Unfall (z. B. Auto-, Starkstromunfälle usw.), schnellstens wieder in Gang zu bringen.

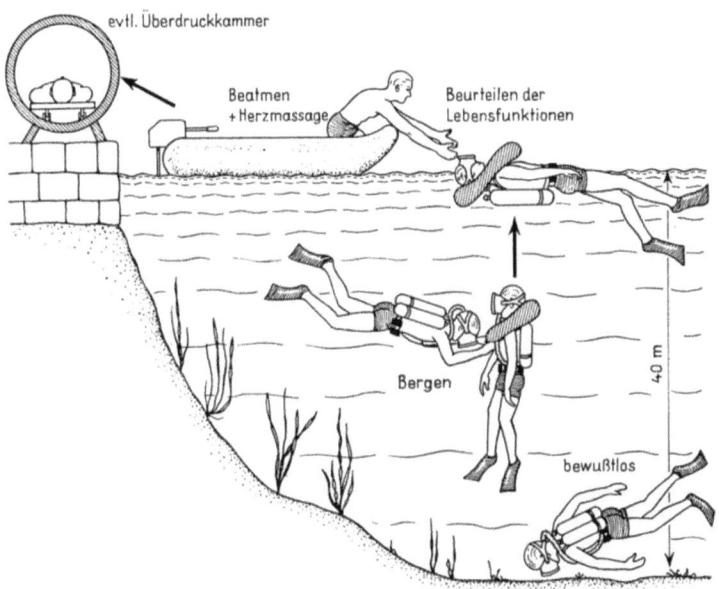

Abb. 24. Bergungs- und Rettungsvorgang bei Tauchunfällen. Primär lebensrettend ist die stetige Aufrechterhaltung und Sicherstellung von Atmung und Kreislauf

Bergung aus dem Wasser

Jeder im Wasser Verunglückte muß so schnell wie möglich wieder in sein gewohntes Lebensmilieu gebracht werden. Wird zum Beispiel ein Taucher in 40 m Tiefe plötzlich bewußtlos und schlaff, so daß ihm das

Mundstück des Lungenautomaten aus dem Mund fällt, muß er – ohne Berücksichtigung der normalerweise vorgeschriebenen Auftauchzeit – sofort an die Wasseroberfläche gebracht werden. Es ist eine Ermessensfrage, wie weit sein Begleiter diesen Aufstieg wegen der Gefahr eines Dekompressionsunfalles mitmachen will und kann. Im ungünstigsten Fall läßt man durch Bleiabnahme oder Aufblasen der Rettungsweste den Bewußtlosen hochschnellen, in der Hoffnung, er werde von Freunden, die momentan nicht selbst tauchen, an der Oberfläche gefunden und geborgen. Der unversehrte Begleiter hält mit Vorteil evtl. notwendige Dekompressionsstufen gemäß Auftauchtabelle ein. Die Wiederbelebung soll bereits an der Wasseroberfläche beginnen. Mit der Mund-zu-Mund-Beatmung wird – sobald dies dem Retter möglich ist – noch vor Erreichen des Rettungsbootes oder Ufers begonnen. Herzmassage ist erst an Land oder auf dem Schiffsboden möglich und sinnvoll (harte Unterlage). Bevor wir uns jedoch mit unseren Wiederbelebungskenntnissen auf einen Bewußtlosen stürzen, gilt es klar und eindeutig festzustellen, ob er sie auch benötigt.

Beurteilung der Lebensfunktionen

Kommt man als Erster zu irgend einem bewußtlosen Verunglückten, überprüfe man sofort:

1. ob er atmet,
2. ob sein Herz schlägt,
3. ob seine Gehirnfunktionen noch erhalten sind.

a) Die Atmung wird durch Beobachtung der Atembewegungen geprüft: Ist durch Handauflegen auf den Brustkorb und Oberbauch keine eindeutige Atembewegung wahrnehmbar, so ist die Atmung ungenügend oder es liegt ein vollkommener Atemstillstand vor (Abb. 25a). In diesen Fällen ist auch kein Atemgeräusch hörbar.

b) Sind durch Tasten der Halsschlagader keine Pulsschläge wahrnehmbar, können wir auf keine oder eine ungenügende Kreislauffunktion schließen (Abb. 25b).

c) Besteht eine ungenügende Atem- und/oder Kreislauffunktion, kommt es zu einer mangelhaften Durchblutung des Gehirns. Es besteht eine durch Sauerstoffmangel bedingte Hirnschädigung. Diese erkennt man an einer Erweiterung der Pupillen, welche auf Lichteinfall (z. B. durch Lidöffnen) nicht mehr mit einer Verengung reagieren (Abb. 25c). Liegt Totenstarre vor, kann auf Wiederbelebungsmaßnahmen verzichtet werden.

a) Überprüfung einer genügenden Atmung

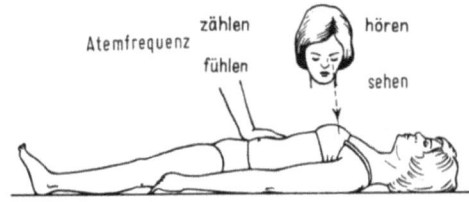

b) Überprüfung einer genügenden Kreislauffunktion

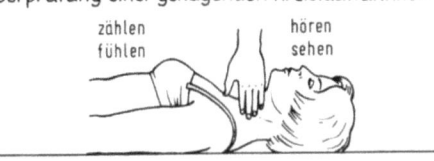

c) Überprüfung der Gehirnfunktion

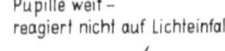

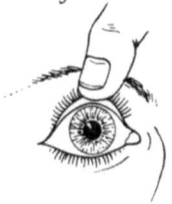

Abb. 25.
Beurteilung
der wichtigsten
Lebenszeichen

Lebensrettende Sofortmaßnahmen

Je nach Art der Lebensfunktionsstörung ist unser Vorgehen etwas anders. In jedem Fall gilt es, bis zum Eintreffen eines Arztes schnell und sicher das Richtige zu tun.

Lagerung bei Bewußtlosigkeit

Sind die Funktionen von Atmung und Kreislauf genügend, Pupillenreflexe vorhanden, der Verunglückte aber bewußtlos, so wird er – wie Abb. 26 zeigt – auf die Seite gelagert und nach Möglichkeit vor Wärmeverlust oder extremer Hitzeeinwirkung geschützt. Während wir den Bewußtlosen weiter beobachten (Atemzüge zählen 10–30/min, Puls fühlen 30–200/min), ruft ein Dritter so schnell wie möglich einen Arzt herbei. Kommt es inzwischen zum Erbrechen, ist das Freibleiben

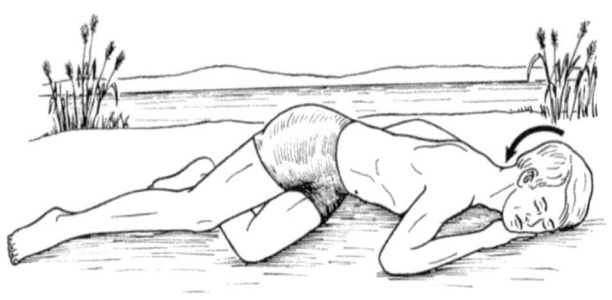

Abb. 26. Lagerung von Bewußtlosen mit genügender Atmungs- und Kreislauffunktion. Kopf in den Nacken beugen und tief lagern. Atmung und Kreislauf überwachen und Luftweg freihalten

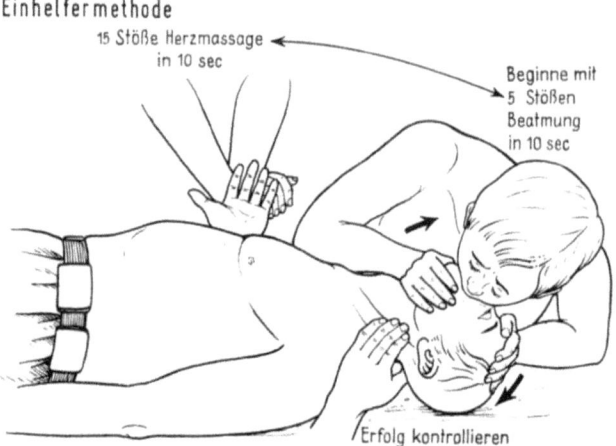

Abb. 27. Beatmung und Herzmassage durch einen Helfer allein. Man beginnt die Wiederbelebungsmaßnahmen stets mit 5maligem Beatmen, gefolgt von 15 Herzmassagestößen in je etwa 10 sec. Dann fährt man abwechslungsweise mit 3mal Beatmen und 15mal Herzmassage ununterbrochen bis zum Erfolg fort, ohne die anfängliche Massage- und Beatmungsfrequenz zu senken. Ziel 60 Herzmassagestöße in 40 Sekunden, 12 Beatmungsstöße in 20 Sekunden

der Atemwege durch Auswischen des Mundes zu garantieren. Die richtige Lagerung des Bewußtlosen darf nicht verändert werden, da man sonst der Einatmung von Erbrochenem (Aspiration) Vorschub leistet. Liegt bei einem Taucher die Möglichkeit eines Dekompressionsunfalles vor, so muß er in dieser Stellung (Natolagerung) sofort in eine Druckkammer (Kopf tief) gebracht und evtl. bis auf den Druck der mutmaßlichen Tauchtiefe oder darüber hinaus rekomprimiert werden (siehe Behandlungsschemata).

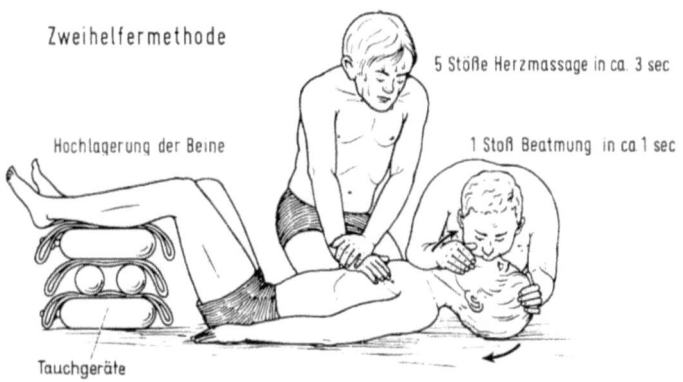

Abb. 28. Beatmung und Herzmassage durch zwei Helfer. Einer beginnt sofort durch 5maliges Beatmen. Der zweite führt die Herzmassage mit einer Frequenz von 60 min durch. Der Beatmer bläst in der Folge nach jedem 5. Herzmassagestoß in der Entlastungsphase des Brustkorbs einmal kräftig Luft ein (möglichst eine Vitalkapazität) und kontrolliert in der Zwischenzeit den Puls an der Halsschlagader (Abb. 27)

Beatmung

Liegt bei vorhandenem Puls mit Sicherheit ein Atemstillstand vor, wird der Bewußtlose in Kopftieflage, auf dem Rücken liegend, sofort Mund-zu-Nase beatmet. Mit der einen Hand wird der Unterkiefer gegen den Oberkiefer gedrückt und mit der anderen Hand der Scheitel des Verunglückten gefaßt und der Kopf nach hinten in den Nacken gebeugt (Abb. 27 und 28). Darauf tritt oft bereits ohne weitere Maßnahmen wieder Spontanatmung ein, da lediglich die zurückgefallene Zunge bei schlaff auf die Brust herunterhängendem Kiefer die Atemwege verlegte.

Ist nach Zurückbeugen des Kopfes und Anheben des Unterkiefers keine genügende Atmung nachweisbar, blase man alle 5 Sekunden 1mal Luft durch die Nase in die Lungen ein (12mal pro Minute). Gelingt dies nicht, sind die Atemwege meist zufolge ungenügender Beugung des Kopfes in den Nacken und Hochhalten des Kinns oder Fremdkörperaspiration verlegt. Erst wenn erwiesenermaßen die Atemwege verlegt sind, so daß eine Beatmung nicht möglich ist, beginne man, diese freizumachen. Dazu wird der Kopf seitlich abgedreht und der Mund ausgewischt. Da bekanntlich Sekunden entscheiden, verliere man nicht kostbare Zeit mit unnötigen Reinigungsprozessen, sondern beginne stets unverzüglich zuerst mit der Mund-zu-Nase Beatmung.

Die Mund-zu-Mund-Beatmung wende man nur an, wenn die Nase des Verunfallten so verstopft ist, daß wir durch diese keine Luft in die

Lungen blasen können. An der Zunahme des Brustkorbvolumens und dem Anheben der Bauchdecke vergewissern wir uns ständig, daß die eingeblasene Luft auch tatsächlich in die Lungen des Verunglückten gelangt. Haben wir diesem einen tiefen Atemzug eingeblasen, spüren wir durch Schräghalten unseres Kopfes das passive Ausströmen der Luft an der Wange. Gleichzeitig beobachten wir, wie sich der Brustkorb und die Bauchdecke durch die elastische Lungenspannung automatisch senkt und in die Ruhelage (Atemruhelage) zurückkehrt. Kommt es beim Verunglückten zu plötzlichem Erbrechen, wird sein Kopf sofort zur Seite gedreht, der Mund gereinigt und darauf erneut mit Mund-zu-Nase-Beatmung fortgefahren.

Herzmassage

Ein Herzversagen tritt selten ohne gleichzeitig auftretenden Atemstillstand ein. Wir stellen also meist fehlende Atmung zusammen mit fehlendem Pulsschlag fest (Abb. 25). Die Haut ist blaß, die Pupillen oft schon weit und lichtstarr. In einer solchen Situation steht noch weniger Zeit für eine erfolgreiche Wiederbelebung zur Verfügung als beim Vorliegen eines einfachen Atemstillstandes. Es muß also gleichzeitig Beatmung und äußere Herzmassage in Rückenlage, auf harter Unterlage, mit dem Bewußtlosen durchgeführt werden (Abb. 27 und 28). Dies kann durch einen oder besser noch durch zwei Retter geschehen.

Ist ein Helfer auf sich selbst angewiesen (Abb. 27), so beatmet er zuerst kurz aber tief 5mal hintereinander (in etwa 10 Sekunden) und verabreicht anschließend 15 Stöße äußere Herzmassage; ebenfalls in einem Zeitintervall von etwa 10 Sekunden. Dies ist äußerst anstrengend, und sobald ein zweiter Retter zugegen ist, muß die Beatmung und äußere Herzmassage von beiden gleichzeitig und ununterbrochen durchgeführt werden (12–15 Atemstöße pro Minute bei einer Herzmassagefrequenz von 60–80 Stößen pro Minute). Die Hochlagerung der Beine hilft das Blut auf die lebenswichtigen Organe zu konzentrieren (vgl. Abb. 28).

Wie wird die äußere Herzmassage durchgeführt?

Der Verunglückte wird sofort auf eine harte Unterlage gelegt. Dann befreit man die vordere Brusthälfte von bedeckenden Kleidern. Die Hand wird in der Mitte der unteren Brustkorbhälfte mit dem Handballen so aufgesetzt, daß der kopfwärts liegende Handrand des Retters etwa auf Brustwarzenhöhe kommt (Abb. 29). *Druckpunkt für die Herzmassage ist die bauchwärts liegende Brustbeinhälfte.* Unmittelbar dar-

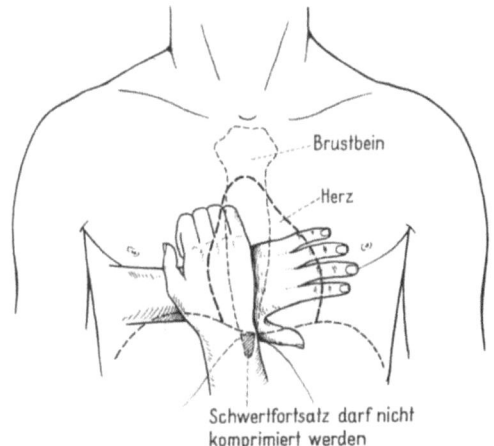

Abb. 29. Richtiges Handauflegen zur äußeren Herzmassage. Handballendruck streng auf die Mitte der bauchwärts liegenden Hälfte des Brustbeins lokalisieren, ohne dabei die Rippen und den Schwertfortsatz mit zu komprimieren

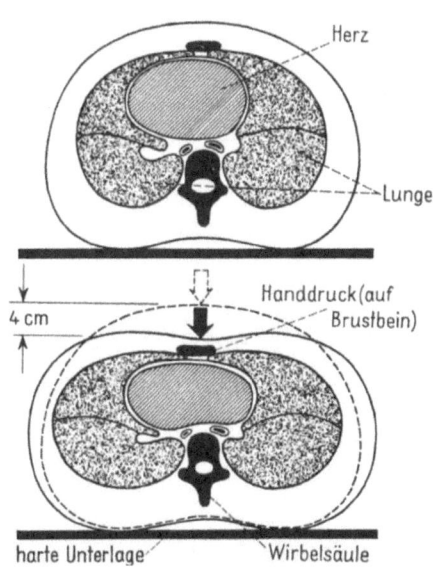

Abb. 30. Querschnitt durch den Brustkorb. Bei Kindern ist entsprechend ihrer Größe weniger tief einzudrücken, um eine mechanisch genügende Pumpfunktion des Herzens zu erreichen. Letztere soll stets durch das Fühlen einer kräftigen Pulswelle an der Halsschlagader durch einen zweiten Helfer überprüft werden

unter liegt das Herz vor der Wirbelsäule (Abb. 30). Da der Brustkorb elastisch ist, läßt sich das Herz durch Eindrücken des Brustbeins zwischen diesem und der Wirbelsäule ausquetschen. Dabei wird das Blut in die Lungen- und Körperschlagadern gepreßt. Beim Entlasten nimmt der Brustkorb wegen seiner Elastizität automatisch wieder seine natürliche Form ein. Die Herzhöhlen dehnen sich gleichzeitig aus und das Blut strömt aus Lungen- und Körpervenen zum Herzen zurück.

Bei der äußeren Herzmassage besteht besonders bei älteren Leuten die Gefahr von Rippenbrüchen. Gebrochene Rippen können die Lunge verletzen, und einen sog. Pneumothorax verursachen. Brustbeinbrüche, Leber-, Lungen-, Herz- und Milzquetschungen sowie Risse sind bei richtiger Technik kaum zu befürchten. Es ist daher wichtig, auf folgendes zu achten:

a) Der Druck soll nur mit *einem* Handballen, streng auf die untere Hälfte des Brustbeines beschränkt, ausgeübt werden. Die noch freie Hand liegt zur Unterstützung des Massagedrucks auf dem Handrücken der anderen (Abb. 29). Der Druck soll *nur* auf das Brustbein wirken, ohne die angrenzenden Rippen zu komprimieren.

b) Die untere Brusthälfte muß beim Erwachsenen durch den angewandten Druck um mindestens 4 cm in Richtung Wirbelsäule gesenkt werden, und dies mit einer Frequenz von 60–80/min. Dabei hat der Helfer die Arme weitgehend gestreckt und übt durch ruckartiges Rumpfbeugen vorwärts den notwendigen Druck aus (Abb. 27-29).

c) Der Erfolg der Herzmassage kann am Pulsieren der Halsschlagader überprüft werden (Abb. 25). Bei erfolgreicher Wiederbelebung verengen sich die Pupillen und die Haut färbt sich wieder rosiger. Sobald spontan geatmet wird und das Herz wieder regelmäßig und kräftig schlägt, können die Wiederbelebungsversuche eingestellt werden. Der Bewußtlose wird weiterhin überwacht und auf die Seite gelagert (Nato-Lagerung), um durch plötzliches Erbrechen nicht erneut in eine Notfallsituation zu geraten. Bei Tauchgängen, die einen schweren Dekompressionsunfall vermuten lassen, wird der Verunglückte anschließend an die erfolgreiche Wiederbelebung von Atmung und Kreislauf unverzüglich in die Überdruckkammer gebracht.

Merke: Die erste Hilfe entscheidet über Leben und Tod. Da die ersten Sekunden nach dem Unfall lebenswichtig sind, kann meist nur rechtzeitig rettend eingreifen, wer gerade zur Stelle ist und augenblicklich mit den geschilderten Maßnahmen beginnt. Ärztlich geschultes Personal, das man erst herbeirufen muß, kommt oft zu spät, um das Versäumte nachzuholen. Dies bedeutet, die Tauchkameraden müssen in den meisten Fällen die Funktionen von Lunge und Herz des Verunglückten baldmöglichst selbst übernehmen und durch Beatmung und äußere Herzmassage wieder in Gang bringen.

Auch aus diesem Grunde soll man nie allein tauchen. Die Bestimmung des Zeitpunkts, von welchem an eine Weiterführung der Wiederbelebungsmaßnahmen erfolglos scheint, überlasse man dem Arzt.

Tauchunfallmeldung

Was soll eine tauchmedizinische Unfallmeldung enthalten?

Es wird sich nicht immer ein Taucherarzt in unmittelbarer Nähe des Tauchortes aufhalten und eingreifen können. Oft muß ein Spezialist telefonisch um Rat gefragt werden. Für den Arzt stellt sich dann die Frage: handelt es sich tatsächlich um eine Taucherkrankheit oder um eine nur zufällig beim Tauchen aufgetretene allgemeine Erkrankung?

Da Tauchunfälle meist spezielle Behandlungsmöglichkeiten (Druckkammer usw.) erfordern, die in den meisten Krankenhäusern fehlen, ist die Unterscheidung zwischen Dekompressionsunfällen und anderen Krankheiten sehr wichtig. Um diese Entscheidung zu treffen, sind folgende Angaben erforderlich:

1. Handelt es sich um einen Tauchgang mit oder ohne Gerät?
   a) falls mit Gerät: Gasinhalt der Geräteflaschen (Druckluft oder andere Gemische) sicherstellen und melden.
   b) falls ohne Gerät: Wie lange wurde vor dem Tauchgang hyperventiliert?
2. Tauchtiefe und Dauer. Handelte es sich um mehrere Tauchgänge am gleichen Tag, so muß man jeden einzelnen angeben und nach Möglichkeit auch die zeitlichen Intervalle zwischen den einzelnen Tauchgängen.
3. Tätigkeit unter Wasser, z. B. große körperliche Anstrengungen, Wassertemperatur, und in welcher Tiefe wurde getaucht?
4. Waren Dekompressionsstufen notwendig, und wurden sie genau eingehalten?
5. Wann traten die Beschwerden auf? Vor, während oder nach dem Tauchgang (möglichst genaue zeitliche Angaben machen)?

Je besser und genauer der Unfallhergang bekannt ist, um so gezielter kann der Arzt helfend eingreifen. Geklärte Unfallursachen können durch die hieraus resultierenden Lehren helfen, die Sicherheit des Tauchens ständig zu verbessern (wissenschaftliche Publikation von Tauchunfällen).

Behandlung von Tauchunfällen (Für den Arzt)

Während die erste Hilfe im allgemeinen von medizinischen Laien, d. h. den Tauchkameraden selbst geleistet wird, gehört die weitere Behandlung von Tauchunfällen in die Hände eines entsprechend geschulten Arztes. Andererseits ist bis zu diesem Punkt versucht worden eine tauchmedizinische Allgemeinbildung für Taucher und Ärzte zu vermitteln. Diese genügt für die Behandlung eines Tauchunfalles nicht, dürfte aber für den Arzt, der im allgemeinen weder vom Studium noch von seiner praktischen Tätigkeit her mit tauchmedizinischen Problemen vertraut gemacht wurde, informativ sein.

Hier soll schematisch das ärztliche Vorgehen bei Tauchunfällen für die Praxis dargestellt werden. Hierbei geht es vorerst um die Differentialdiagnose von:

Ertrinken,
Barotraumata,
Dekompressionsunfälle,
Atemgasvergiftungen,
Unterkühlung

und möglichen Kombinationen, sowie ihre Therapie, was aus der Schilderung und den äußeren Gegebenheiten (Tauchart, Tauchtiefe, Tauchdauer) meist schnell möglich ist (s. auch Tauchunfallmeldung).

Allgemeine Regeln bei Tauchunfällen

Bei der Behandlung eines Tauchunfalles hat sich folgendes Vorgehen bewährt:
1. Reanimation. Fehlt Spontanatmung, kann erst nach Intubation und Beatmung rekomprimiert werden.
Versorgung eventueller äußerer Verletzungen (Pneumothorax), Kälteschutz, evtl. Aufwärmen in der Rekompressionskammer.
2. Schock-Prophylaxe. Bei jeder schweren Dekompressionskrankheit, aber auch bei ausgedehnten Hautsymptomen besteht die Gefahr einer Hypovolämie. Zur Prophylaxe des hypovolämischen Schocks *500–1000 ml Plasmaexpander i. v.* (8–10 ml/kg KG Humanalbuminlösung).

3. Bewußtlosigkeit. Zur Behandlung des Hirnödems 100 mg Prednisolon i.v., für Rekompression evtl. intubieren.
Bei Nervensystemstörungen und/oder bei starken Gelenkschmerzen muß rekomprimiert werden.
Im Zweifelsfall soll immer rekomprimiert werden.

Ertrinken

Tabelle 4. Differentialdiagnose des Ertrinkens

1. Ertrinken durch Süßwasseraspiration
2. Ertrinken durch Salzwasseraspiration
3. Trockenes Ertrinken bei Laryngospasmus
4. Ertrinken durch Immersionsschock
5. Tod im Wasser als Folge anderer Ursachen:
    a) Krankheiten (Herzinfarkt, Lungenembolie, Epilepsie etc.)
    b) Tauchunfälle (Barotraumata, Dekompressionsunfälle etc.)
    c) Verbrechen (primär oder sekundär im Wasser?)
6. Tod nach erfolgreicher Reanimation (25%)
    a) Hypoxämiefolgen (kardial, zerebral)
    b) Aspirationsfolgen (Pneumonie, Lungenödem)

Therapie: In leichten Fällen O_2-Gabe, in schweren Fällen Intubation und Überdruckbeatmung mit O_2. Alle erfolgreich Reanimierten müssen für mindestens 24 Stunden zur Überwachung sofort in eine Klinik eingewiesen werden.

Hat ein Taucher blutigen Schaum vor dem Mund, geht es um die Differentialdiagnose des Lungenödems (Tabelle 5) oder Lungenriß mit Lungenblutung (Pneumothorax, Haut- und Mediastinalemphysem) und evtl. peripheren Luftembolien.

Tabelle 5. Differentialdiagnose des Lungenödems

1. Hämodynamisch (Linksherzinsuffizienz, Infarkt, coronare Gasembolie)
2. Hyperoxisch (O_2-Atmung, s. Abb. 22)
3. Osmotisch (Süß- und Salzwasseraspiration, Ertrinken; Mendelson Syndrom)
4. Mechanischer Unterdruck (Schnorchelschwimmer!)

Neurogene Lungenödeme bei schwerem Hirntrauma, z.B. nach Verletzungen durch Schiffsschrauben. Hypoxische Lungenödeme in Höhen über 3000 m und durch Giftgasinhalation sind selten und haben mit dem Tauchen im speziellen nichts zu tun.

Therapie: O_2-Gabe, wenn möglich sofort. Intubation und Überdruckbeatmung. Vor der Überdruckbeatmung sollte aber stets ein Pneumothorax, welcher sich sonst leicht zum Spannungspneumothorax entwickelt, ausgeschlossen respektive durch Legen eines Pleuradrains behandelt werden. Wird ein Lungenriß mit Pneumothorax mit Sicherheit diagnostiziert, soll ebenfalls keine De- oder Rekompression durchgeführt werden, bis ein Arzt eine evtl. notwendige Pleurahöhlendrainage angelegt hat (Spannungspneumothorax!).

Bei Blutspucken besteht stets der Verdacht auf einen Lungenriß mit Gasembolien. Es geht dann um die Differentialdiagnose, Barotrauma mit Gasembolie in die Peripherie (Gehirn, etc.) oder Dekompressionsunfall in der Körperperipherie mit Gas- und/oder Fettembolie in die Lunge und das Zentralnervensystem.

Barotraumata

Bei Lufttauchgängen in Tiefen von weniger als 10 m handelt es sich bei Tauchunfällen stets um Barotraumata allein, ohne Auftreten von Gasblasen in den Körpergeweben als Folge von Überschreiten der Inertgaslöslichkeit (sog. Dekompressionsunfall).
a) *Lunge:* Lungenriß mit Pneumothorax und/oder Mediastinal- und Hautemphysem (Abb. 19 und 20)

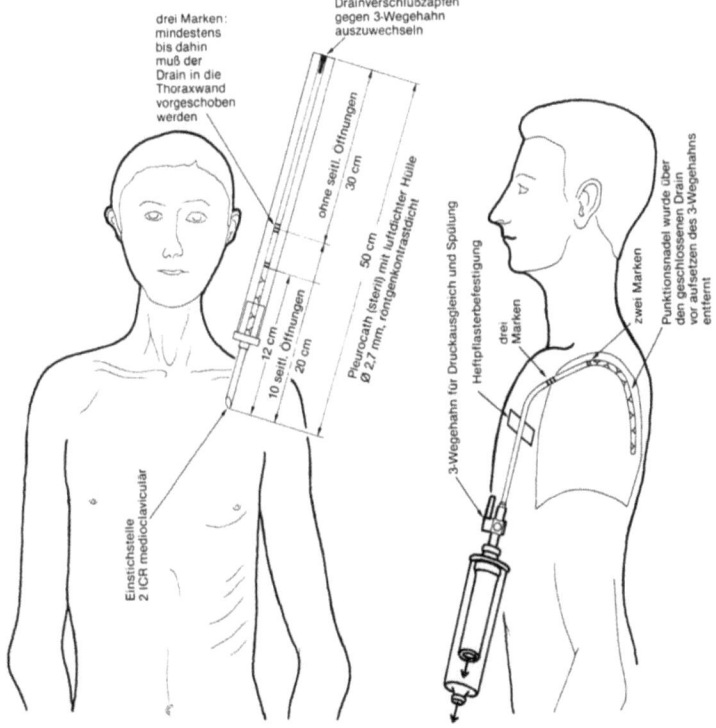

Abb. 31. Fachgerechte Notfallversorgung des Pneumothorax und insbesondere des Spannungspneumothorax für Druckausgleich und Drainage im normobaren und hyperbaren Milieu (Überdruckkammer!) mit Pleurocath und Heimlichventil (Anfragen beim Verfasser)

Falls reichlich Gasblasen in das Blut eingeschwemmt werden, entsteht eine *arterielle Gasembolie,* bevorzugt in Gehirn, Rückenmark und Herz (Abb. 21).

Therapie: Liegen keine neurologischen Herdsymptome vor (Lähmungen, Sensibilitätsstörungen etc.) so gibt man 100% O_2 zu atmen, versorgt den Pneumothorax durch Einlegen eines Drains (Abb. 31) und Anlegen eines Unterdruckes von 30 cm Wassersäule oder Heimlich Ventils.

Bei Vorliegen von Nervensystemsymptomen, die durch diese Therapie nicht rasch bessern, muß eine vorsichtige Rekompression in einer Überdruckkammer unter ständiger Drainage der Pleurahöhlen zur schnelleren Lösung der arteriellen Gasembolie nach Tabelle 5 versucht werden.

b) Schädelhöhlen (Abb. 8, 9, 14, 15, 16, 17, 18)

Treten im Anschluß an einen Tauchgang Schmerzen in Schädelhöhlengebieten auf und ist der Druckausgleich erschwert oder unmöglich, kann eine kurze Rekompression auf wenige Meter Tiefe entsprechend 0,5–1 bar die Symptome sofort zum Verschwinden bringen. Oft genü-

---

Tabelle 5. Barotrauma der Lunge mit zentralen und peripheren Nervensystemsymptomen nach Lufttauchgängen bis 10 m Tiefe

Rekompression in wenigen Minuten
auf 1,9 bar (19 m)

bar	Atemgas	
	Luft min	100% O_2 min
1,9	15	
1,5	30	
1,2	60 oder	30*
0,9	60 oder	60
0,7	90 oder	60
0,5	120 oder	60
0,3	120 oder	30
0		

8 Std. 15 min. mit Luft
4 Std. 45 min. mit 100% O_2
ab 12 m

* Die Atmung von 100% O_2 wird jede Stunde mit Luftatmung während 5 min. unterbrochen.

gen auch schleimhautabschwellende Mittel z. B. Otriven (äußeren Gehörgang inspizieren!) Gleichzeitiger Drehschwindel weist auf Innenohrreizung hin (Rekompression im Wasser gefährlich, besser in Überdruckkammer).

Treten diese Symptome nach Tauchgängen über 50 m auf, insbesondere auch bei Tieftauchen mit Helium, muß auch an einen Dekompressionsunfall des Innenohres gedacht werden, der sofortige Rekompression nach Tabelle 7 verlangt.

Dekompressionsunfälle

Die Gasblasenbildung im Gewebe setzt einen Inertgasdruck im Gewebe voraus, der bei Senkung des Umgebungsdruckes nicht ohne Blasenbildung toleriert wird. Autochthone Gasblasen sind gemäß den unterschiedlichen Durchblutungsraten und Halbwertszeiten in den verschiedenen Organen nur bei entsprechenden Expositionszeiten möglich. Bei einer explosiven Dekompression, beim „Blow up" nach einer Überdruckexposition, die eine Dekompression erfordert hätte, können im arteriellen Blut und im Gewebe gleichzeitig Gasblasen entstehen, so daß sich arterielle Gasembolie und autochthone Gasblasen als Ursache der Dekompressionskrankheit kombinieren.

Die Symptomatologie der Dekompressionskrankheit wird von dem von der Kapillarobstruktion betroffenen Organ bestimmt. Bei der Entwicklung einer klinisch relevanten Dekompressionskrankheit ist auch die Volumenzunahme der Gasblasen in den Kapillaren von großer Bedeutung. Dazu kommen sekundäre Faktoren wie Plättchenaggregation, intravasale Gerinnung und vor allem die Bildung eines perifokalen Ödems mit Blutungen sowie Flüssigkeitsverschiebung in den extravasalen Raum. Das Gewicht dieser sekundären Faktoren wird unterschiedlich beurteilt. Einigkeit besteht aber darüber, daß die Rekompression, die das Volumen der Gasblasen reduziert, und die Hyperoxie die wichtigsten therapeutischen Maßnahmen sind. Volumensubstitution mit Plasmaexpandern sowie die Gabe von Steroiden und Aggregationshemmern sind zusätzliche Maßnahmen, die im Einzelfall nützlich sind, bei der Dekompressionskrankheit des Nervensystems, des Innenohrs und der Gelenke aber nicht die Rekompression ersetzen können.

Dekompressionsunfälle mit Nervensystemsymptomen nach Lufttauchgängen in 10–50 m Tiefe

Ursachen:
Aufstiegsgeschwindigkeit über 15 m/min, „Blow Up" autochthone Gasembolien und nach Lungenriß. Nicht-Einhalten der Dekompressionsvorschriften, v. a. Tauchgänge in größeren Tiefen und mit längeren Aufenthaltszeiten.

Die Symptome treten während der Dekompression und bei kurzen Tauchgängen bis 1–2 Stunden später auf.

1. Rückenmark- und Hirnschädigungen:
   Lähmungen, Muskelschwäche,
   Harnverhalten, Gürtelschmerzen,
   Sehstörungen,
   Starkes Kopfweh, Bewußtlosigkeit.
2. Innenohrschädigung:
   Schwindel, Gleichgewichtsstörungen,
   Übelkeit, Erbrechen,
   Ohrgeräusche, Gehörsverlust.

Tabelle 6. Dekompressionsunfall mit zentralen und peripheren Nervensystemsymptomen nach Lufttauchgängen von 10 bis 50 m Tiefe

Rekompression in wenigen Minuten auf 5,0 bar (50 m)

A				B			
Nach 30 Minuten praktisch symptomfrei				Nach 30 Minuten gebessert, aber noch Symptome			
	Atemgas				Atemgas		
bar	Luft min	100% O₂ min		bar	Luft min	100% O₂ min	Luft min
5,0	30			5,0	90		
4,5	10			4,5	20		
4,0	15			4,0	30		
3,5	15			3,5	30		
3,0	15			3,0	45		
2,5	30			2,5	60		
2,1	60			2,1	120		
1,8	90			1,8	180		
1,5	120			1,6	240		
1,2	120	oder	60*	1,4	240	oder 60 +	30
1,0	120	oder	60	1,2	300	oder 60 +	30
0,8	120	oder	60	1,0	300	oder 60 +	60
0,6	180	oder	30	0,8	300	oder 60 +	60
0,4	180	oder	30	0,6	300	oder –	240
0,2	120	oder	15	0,4	240	oder –	240
0				0,3	240	oder –	240
				0,2	120	oder –	120
				0			
20 Std. 25 Min. mit Luft 10 Std. 40 Min. mit 100% O₂ ab 12 m (1,2 bar)				47 Std. 35 Min. mit Luft 34 Std. 35 Min. mit 100% O₂ ab 14 m (1,4 bar)			

* Bei 6 A wird die Atmung von 100% O₂ jede Stunde mit Luftatmung während 5 Minuten unterbrochen.

3. Lungenschädigung (mit Symptomen wie 1.):
Extreme Kurzatmigkeit,
schneller Puls,
Cyanose (blaue Lippen und Finger),
Schmerzen in der Brust.

Schwere Unfälle können sekundär zum Schock mit Kurzatmigkeit, Blutdruckabfall, Pulsfrequenzanstieg und Blässe führen. Sofortige Rekompression anstreben entsprechend Tabelle 6. Diese Patienten werden in ca. 5 Minuten auf 5,0 bar (50 m) rekomprimiert. Die weitere Behandlung ergibt sich je nach Besserung der zentralen bzw. peripheren Nervensystem-Symptomatologie entsprechend Tabelle 6A oder B.

Bei tot geborgenen, d.h. dekomprimierten Tauchern sind pathologisch anatomisch in jedem Falle (bei jeder Dekompression) Luftblasen im ganzen Körper nachweisbar, auch wenn die Todesursache *kein* Dekompressionsunfall war! Dies ist für gutachterliche Stellungnahmen zu bedenken.

Dekompressionsunfälle mit Nervensystemsymptomen nach Lufttauchgängen in mehr als 50 m Tiefe

Handelt es sich um einen „extremen Lufttauchgang mit einer Tauchtiefe von 50 bis 70 m mit Dekompressionsunfallsymptomen wie beschrieben, wird mit einem Sauerstoff-Heliumgemisch auf 90 m rekomprimieren. Wird die Druckkammer nicht gespült, ergibt sich der Stickstoffpartialdruck als Differenz zum Gesamtdruck der O_2- und He-Partialdrucke entsprechend den Angaben in Tabelle 7. Der O_2-Anteil sollte bei 9 bar ca. 8% betragen. Der Druck wird bei 90 m während 2–3 Stunden konstant gehalten. Der O_2-Anteil wird bei 50 m auf 15% bei 30 m auf 20% erhöht. Zwischen 14 m und 6 m wird mit Unterbrechungen 100% O_2 geatmet.

Diese Tabelle ist auch für die Rekompression von Dekompressionsunfällen nach einem konventionellen Lufttauchgang bis 50 m Wassertiefe brauchbar. In diesem Fall kann nach einem zwei- bis drei-stündigen Aufenthalt bei 50 m mit 15% O_2 im Atemgas auf 46 m zurückgegangen und dann die Dekompression entsprechend der Tabelle 7 fortgesetzt werden. Ursachen und Symptome gleich wie nach Lufttauchgängen von 10–50 m Tiefe.

Tabelle 7. Dekompressionsunfall mit zentralen und peripheren Nervensystemsymptomen nach Lufttauchgängen in mehr als 50 m Tiefe

Rekompression mit Sauerstoff-Helium auf 9,0 bar (90 m)
Atemgas bei vollem Druck: 8–10% O$_2$, 82–84% He*

bar	Atemgas		bar	Atemgas			
	min	% O$_2$		min	% O$_2$	min	% O$_2$
9,0	180	8*	3,0	90	20%		
8,5	10	8*	2,8	120	20%		
8,0	10	8*	2,5	120	20%		
7,5	15	8*	2,2	120	20%		
7,1	15	8*	1,9	120	20%		
6,7	15	8*	1,6	120	20%		
6,4	20	8*	1,4	60	100+	30	20*
6,1	20	8*	1,1	60	100+	30	20*
5,8	20	8*	0,8	60	100+	30	20*
5,5	20	8*	0,6	60	100+	30	20*
5,2	20	8*	0,3	–	–	120	20*
5,1	20	8*	0				
			32 Std. 25 Min. Gesamtzeit				
5,0	20	15*					
4,8	30	15*					
4,6	60	15*					
4,2	60	15*					
3,8	60	15*					
3,5	60	15*					
3,3	90	15*					

* Es ist nicht notwendig, die Druckkammer vor Beginn der Rekompression mit O$_2$ und He zu spülen.
Die O$_2$ Konzentration in der Druckkammer muß regelmäßig gemessen werden. Abweichungen von ± 2% sind tolerabel.
Die Kammertemperatur soll 28–30 °C betragen.
Die Therapietabelle 7 kann für Lufttauchgänge bis 50 m die Therapietabelle 6 B ersetzen: Rekompression mit 5,0 bar. Nach einem Aufenthalt bei 5,0 bar während 120 bis 180 Minuten Druckreduktion auf 4,8 bar (48 m) und weitere Dekompression entsprechend Tabelle.

Therapie von Nervensystemsymptomen nach mehr als 48 Stunden

Sind seit dem Auftreten der neurologischen Symptome mehr als 48 Stunden verstrichen, so haben sich die Gasblasen weitgehend zurückgebildet. Die Rekompression mit 5,0 bar bringt keine schnelle Rückbildung der Symptome.

In diesen Fällen läßt sich die Erholung des geschädigten Nervengewebes mit einer hyperbaren Sauerstofftherapie nach Tabelle 8 beschleunigen.

Tabelle 8

Rekompression in wenigen Minuten
auf 1,5 bar (15 m)

bar	Atemgas 100% O$_2$ min
1,5	60*
1,0	60
0,8	30
0,6	30
0,4	30
0,2	30
0	
4 Stunden	

* Die Atmung von 100% O$_2$ wird jede Stunde mit Luftatmung während 5 Minuten unterbrochen. Diese Behandlung kann mit einem Intervall von 4 Stunden 2mal pro 24 Stunden durchgeführt werden.

Dekompressionsunfälle mit Haut-Muskel-Gelenks- und Knochensymptomen

Ungenügende Dekompression, v. a. nach Tauchgängen über 40 m oder nach längeren Aufenthaltszeiten in geringeren Tiefen über 10 m.

Die Symptome treten erst während der Schlußdekompression oder bis zu 8 Stunden später auf:

1. nur Schmerzen, sog. „bends"
2. Schmerzen in Muskeln und Gelenken, Müdigkeit, Steifheit, „Muskelkater", Abgeschlagenheit,
3. fleckförmige Hautrötungen, Jucken, Schwellungen („Taucherflöhe").

„Bends" sind bei kurzen Tauchgängen bis zu 40 m mit kurzen Aufenthaltszeiten selten, können aber auftreten, falls mehrere Tauchgänge innerhalb von 48 Stunden durchgeführt werden. Leichte Unfälle im Bereiche wenig schmerzempfindlicher Knochen können symptomlos auftreten. Fehlende Schmerzen schließen daher leichte Unfälle nicht aus. Wiederholte Unfälle im Bereiche der Knochen und Gelenke können zu bleibenden Schäden führen (Caissonkrankheit). Beim leichten Unfall mit den oben genannten Symptomen 1, 2, 3 Behandlung gemäß Tabelle 9.

Die Rekompression ist bei starken Schmerzen dringend angezeigt und auch nach Stunden noch erfolgreich.

Behandlung entsprechend Tabelle 9A und B. Nach Überdruckexpositionen von mehr als 8 Std. (Caisson) können Gelenkschmerzen bereits während der Dekompression auftreten.

Tabelle 9

Rekompression in wenigen Minuten auf 1,0 bar (10 m).

A			B		
Nach 10 Minuten deutlich gebessert			Nach 10 Minuten keine oder nur geringe Besserung zusätzliche Rekompression mit 1,5 bar		
	Atemgas			Atemgas	
bar	Luft min	100% O_2 min	bar	Luft min	100% O_2 min
1,0	10		2,5	10	
0,9	60	oder 60*	1,9	15	
0,7	90	oder 60	1,5	30	
0,5	120	oder 60	1,2	60	oder 30*
0,3	120	oder 30	0,9	60	oder 60
0			0,7	90	oder 60
			0,5	120	oder 60
			0,3	120	oder 30
			0		
6 Std. 40 Min. mit Luft			8 Std. 35 Min. mit Luft		
3 Std. 40 Min. mit 100% O_2 ab 9 m			5 Std. 5 Min. mit 100% O_2 ab 12 m		

* Die Atmung von 100% O_2 wird jede Stunde mit Luftatmung während 5 Minuten unterbrochen

Bei ausgedehnten Schädigungen des Unterhautfettgewebes und des Fettmarkes der Knochen können Gasblasen und Fett-Tröpfchen mit dem Blut in die Lungen und durch die Lungen in den Körperkreislauf gelangen. Auf diese Weise entwickelt sich aus einem leichten Unfall ein lebensbedrohlicher Zustand.

Wenn möglich, sollten die Sauerstoffdekompressionen vorgezogen werden. Die Sauerstoffmaskenatmung soll pro Stunde während 5 Minuten unterbrochen werden. Während dieser Zeit soll Luft eingeatmet werden.

Treten Symptome der Sauerstoffvergiftung auf wie: Einschlafen oder Kribbeln der Fingerspitzen, Muskelzucken, Sehbeschwerden, Übelkeit, generalisierte Krampfanfälle, Bewußtseinsverlust, akustische Halluzinationen, Hüsteln, Schmerzen in der Luftröhre beim Einatmen: Sofort die Sauerstoffatmung unterbrechen, Luft atmen und die Dekompression mit den Lufttabellen zu Ende führen.

Sauerstoffvergiftung

In allen Fällen, auch bei dem hyperoxisch bedingten Lungenödem, muß inspiratorisch soviel Sauerstoff angeboten werden, daß der arterielle O_2-Partialdruck zu keinen hypoxischen Schäden führt. Bei Anämie und inaktivem Hämoglobin können frischbluterythrozyten Transfusionen zur Hebung des arteriellen O_2-Gehaltes notwendig sein. Ein gegenüber der Norm erhöhter Sauerstoffdruck kann zu Schädigungen der Atemwege des Lungenparenchyms und des Zentralnervensystems führen.

Symptome der Sauerstoffvergiftung

A. Symptome der Atemwege (kein röntgenologischer Befund):
Schleimhautschwellungen, Nase, Rachen (Heiserkeit),
bronchiale Reizsymptome (Husten),
Bronchitis, Schmerzen hinter dem Brustbein.

B. Symptome des Lungenparenchyms (röntgenologischer Befund):
Atelektasen,
interstitielles Ödem,
alveoläres Ödem mit schaumig-blutigem Auswurf.

C. Symptome des Zentralnervensystems:
Parästhesien (Kribbeln, Ameisenlaufen),
besonders in den Fingerkuppen, Lippen,
Muskelzucken, besonders im Gesicht (N. facialis),
Sehbeschwerden, akustische Täuschungen,
Übelkeit,
Synkopen (kurzzeitige Bewußtseinsverluste),
generalisierte Krampfanfälle,
Bewußtseinsverlust.

Häufigkeit des Auftretens

Symptome der Gruppen A und B treten im allgemeinen erst nach mehreren Stunden bis Tagen hyperbarer Sauerstoffeinwirkung auf. Die Symptome der Gruppe C treten meistens akut nach wenigen Minuten auf. Körperliche Arbeit bei hohem Sauerstoffdruck begünstigt das Auftreten einer Sauerstoffvergiftung.

Therapie der Sauerstoffvergiftung

Die Sauerstoffatmung wird abgebrochen und die restliche Dekompression mittels den Lufttabellen durchgeführt, dort angefangen, wo die Sauerstoffatmung unterbrochen wurde. Die akut aufgetretenen Symptome verschwinden innerhalb von Minuten, die chronisch aufgetretenen Symptome innerhalb von Stunden bis wenigen Tagen.

Alle anderen Vergiftungen die zu einer arteriellen Hypoxämie führen werden zuerst einmal mit O_2-Atmung behandelt evtl. kombiniert mit Überdruckbeatmung.

Unterkühlungen

Hauptgefahren

Bewußtseinsverlust,
Atem- und Kreislaufdämpfung, Erschöfpung,
bei Kerntemperatur von weniger als 30° schließlich Atem- und Kreislaufstillstand.

Maßnahmen

a) Am Unfallort
Wenn irgend möglich soll an der Unfallstelle schon bei der Bergung ein (Not-)Arzt zugegen sein.

Theoretisch ist die Messung der Kerntemperatur zwar wünschenswert, sie ist aber aus praktischen Gründen problematisch.

Unmittelbare Lebensgefahr bei
  Bewußtlosigkeit,
  Fehlen von Muskelzittern,
  oberflächlicher Atmung,
  kaum fühlbarem langsamem oder unregelmäßigem Puls, d. h. im allgemeinen bei einer Kerntemperatur von weniger als 32 bis 28°.

In diesen Fällen kann es bei passiven Bewegungen durch akute Verlagerung des kalten „Schalen"blutes zum Körper-„Kern" plötzlich zum „Bergungstod" kommen.

Bewegungen vermeiden nach Möglichkeit bei und nach der Bergung, d.h. keine Umlagerung, Vorsicht beim Transport (nur liegend, stabilisiert auf Bahre).

Beatmung bei schwacher oder fehlender Spontanatmung (Mundbeatmung oder Frischluftbeatmung mit Beatmungsbeutel), evtl. nach Intubation und mit Sauerstoffzugabe.

Verhinderung weiterer Auskühlung durch Einschlagen in Isolationsdecke zum Schutz vor Kälte, Feuchtigkeit und Wind.

Infusion anlegen (falls damit keine Verzögerung des Abtransportes verbunden ist) zur Offenhaltung des venösen Zuganges für die evtl. Gabe von Medikamenten, evtl. Alkalitherapie einer metabolischen Azidose und zur evtl. Flüssigkeitszufuhr.

Überwachung, ununterbrochene Kontrolle von Bewußtsein, Atmung und Kreislauf (Puls, Blutdruck) durch einen geschulten Helfer.

Achtung

Während aller dieser Maßnahmen und auch auf dem Transport droht ständig der akute Kreislaufstillstand, d. h. plötzliches Auftreten von
  Koma,
  Pulslosigkeit,
  weiten, reaktionslosen Pupillen,
  Atemstillstand,
  bläulich-blasser Verfärbung.
Behandlung: alle Wiederbelebungsmaßnahmen wie
  Beatmung,
  Herzmassage,
  intrakardiale Injektionen,
  intravenöse Alkalitherapie,
  elektrische Defibrillation und/oder Pacemaker.

b) Transport

Jeder Patient mit Hypothermie, d. h. mit einer Kerntemperatur von weniger als 35°, soll so rasch und schonend als möglich – im allgemeinen mit dem Helikopter – in eine für Hypothermiebehandlung personell, materiell und organisatorisch ausgerüstete Klinik.

Weiterführung aller bisher getroffenen Maßnahmen (siehe oben unter a) oder Aufnahme solcher Maßnahmen unterwegs muß dabei sichergestellt sein.

c) Klinische Behandlung

Bei Patienten mit Kreislaufstillstand, die unter Beatmung und Herzmassage eingeliefert werden (Kerntemperatur in der Regel weniger als 32 bis 25°):
  Intubation und Sauerstoffbeatmung, mit vorgewärmter Luft, externer, kardialer Reanimationsversuch: intravenöse/intrakardiale Medikamentenapplikation, Defibrillation, Paceung; in Universitätskliniken mit Herz-Lungen-Maschinen-Bereitschaft:
    notfallmäßige Kanülierung der Arteria und Vena iliaca und direkte Aufwärmung mit Herz-Lungen-Maschine unter Heparinisierung (außer bei Patienten mit schweren Verletzungen);

in Spitälern ohne Herz-Lungen-Maschine:
Not-Thorakotomie zur Wärmezufuhr direkt am Herzen z.B. durch ausgiebiges Übergießen des Herzens mit physiol. Kochsalz- oder Spüllösung von 40°;
gleichzeitig Weiterführung der übrigen kardialen Reanimation, d.h. direkte Herzmassage, intravenöse/intrakardiale Medikamentenapplikation, Defibrillation, Paceung.

Bei Patienten ohne Kreislaufstillstand und mit meßbarem arteriellen Blutdruck (Kerntemperatur in der Regel höher als 25 bis 32°):
Intubation und Sauerstoffbeatmung bei ungenügender Spontanatmung;
Oberflächen-Aufwärmung mit Wärmeanzug (durchströmt mit Wasser von zunächst 40°) oder evtl. improvisiert durch Ganzkörperheizkissen,
dabei Bereitschaft zum Not-Einsatz der Herz-Lungen-Maschine bzw. zur Not-Thorakotomie.

Auf jeden Fall müssen gleichzeitig die üblichen allgemeinen diagnostischen und therapeutischen Intensivmedizin-Verfahren angewendet werden (wie z.B. Infusion, ständige direkte arterielle und zentralvenöse Blutdruckmessung, laufende EKG-Kontrolle, Blutgaskontrolle und andere notfallmäßige Blutchemie-Bestimmungen).

Tauchmedizinisches Rettungsmaterial

Das erste, was sich ein kleiner Tauch-Klub diesbezüglich beschaffen wird, ist eine Sauerstoffbombe mit entsprechendem Maskenanschluß für die Atmung von 100%igem Sauerstoff.

Eine Samaritertasche zur Behandlung kleinerer Verletzungen dürfte auch nicht fehlen. Als persönlicher Ausrüstungsgegenstand ist eine Rettungsweste zu empfehlen.

Die zweite Stufe ist bereits die Anschaffung einer transportablen Druckkammer, die mit den Druckluftflaschen der Tauchgeräte gespeist werden kann. Diese soll genügend groß dimensioniert sein, damit der Verunglückte sich in liegender Stellung wenigstens bequem drehen kann. Bewußtlose sollte man in der Nato-Lagerung einschleusen können. Beleuchtung und Gegensprechanlage, sowie ein genügend großer Durchgang zum Einschleusen von Nahrungsmittel und Medikamenten ist bei längeren Behandlungszeiten unbedingt notwendig. Zudem ist es angenehm, wenn Urin, Erbrochenes usw. ausgeschleust werden können. Die Bahre soll in der Kammer so verankert sein, daß der Verunglückte mit den Beinen leicht angehoben in Kopftieflage zu liegen kommt. Dadurch kann bei Bewußtlosen der Aspirationsgefahr nach plötzlichem Erbrechen vorgebeugt werden. Auch beim Kreislaufschock ist diese Lagerung von Vorteil. Ein verstellbares Kopfteil erlaubt Nicht-Bewußtlosen trotzdem eine gewisse Bequemlichkeit. Um Spülgas zu sparen, sind Kohlendioxydabsorber von Vorteil. Bei extremen Temperaturverhältnissen ist ein heiz- und kühlbarer Raum nötig. Transportkammern werden daher am besten in einem entsprechend adaptierten Krankenwagen montiert. Man vergewissere sich stets, ob die mobile Einmann-Druckkammer an eine größere Spitaleinheit angeschlossen werden kann, ohne daß man dazu den Verunglückten dekomprimieren muß. Weiter ist dafür zu sorgen, daß für die Behandlungskammer stets ein genügender Druckluftvorrat vorhanden ist (Kompressoren können in kritischen Momenten ausfallen).

Steht dem Tauch-Klub ein Arzt zur Verfügung, sind ein Intubationsbesteck mit Beatmungsbeutel und eine Saugpumpe zum Reinigen der Atemwege sowie einige Pleurocaths und Heimlichventile zur Sofortversorgung von Pneumothoraces wünschenswert. Für die Kreislaufschockbehandlung sind die entsprechenden Medikamente und vor allem Blutplasma oder Ersatzlösungen samt Infusionsbesteck notwendig. Bei schweren Tauchunfällen und Ertrinken beobachtet man oft Herzflimmern, in diesen Fällen ist ein Defibrillator von Vorteil. Für die Überwachung von Bewußtlosen in der Kammer ist ein Elektrokardiogrammanschluß von Nutzen. Einmanndruckkammern haben sich für den Transport bewährt, schwere Unfälle sollten aber schnellstens in ein entsprechendes Therapiezentrum mit Einschleusmöglichkeit von Ärzten, Beatmungsgeräten etc. überführt werden (Schweizerische Rettungsflugwacht Zürich Tel. 47 47 47).

Medizinische Prüfung der Tauchtauglichkeit

Jeder Taucherausbildung sollte eine ärztliche Untersuchung vorausgehen, um Gesundheitsstörungen zu erkennen, die eine Unterwassertätigkeit ausschließen. Diese Entscheidung kann nur von einem mit taucherphysiologischen Fragen vertrauten Arzt gefällt werden. Die medizinischen Prüfverfahren sollen nach Möglichkeit Tauchfunktionen erfassen (Druckkammertest, evtl. Sauerstoffbelastung, verbunden mit ergometrisch kontrollierter Arbeit), nicht nur Einzelfunktionen (Vitalkapazität, Ruhepuls usw.). Die taucherärztliche Untersuchung beginnt mit der Erhebung einer diesbezüglichen gezielten Anamnese. Dabei frage man nach größeren Verletzungen, Krankenhausbehandlungen, Unfällen und Operationen, sowie nach Beschwerden oder Erkrankungen:

a) der Schädelhöhlen, z. B. chronische und rezidivierende Krankheiten der Nase und Nasennebenhöhlen (hartnäckiger Katarrh, Sinusitis, rezidivierende Anginen, Heuschnupfen, habituelles Nasenbluten), der Ohren (Mittelohrentzündung, Trommelfellrisse, Drehschwindel, Ohrenrauschen, Schwerhörigkeit), loser Zahnersatz;
b) der Augen (verminderte Sehschärfe bei Myopie, Hyperopie und Astigmatismus, Netzhauterkrankungen);
c) des Gehirns und des übrigen Nervensystems (Schädelverletzungen, Gehirnerschütterungen, Schwindel, häufige Kopfschmerzen, Migräne, Epilepsie, Ohnmachten, Angstgefühle in engen Räumen und in der Dunkelheit);
d) der Atmungsorgane (chronische Lungenkrankheiten, Bronchitis, Emphysem, Asthma bronchiale, Tuberkulose, Brustfellentzündungen mit Verwachsungen, Spontanpneumothorax);
e) des Kreislaufs (Herzfehler, unregelmäßiger Puls, hoher Blutdruck, abnorme Kälteempfindlichkeit, Herzinfarkt, Venenentzündungen und Embolien);
f) der Verdauungsorgane (häufiges Erbrechen, Magenbrennen, Magen- und Zwölffingerdarmgeschwüre, Gallenkoliken, Colitis, Leistenbrüche);
g) der Nieren, der Harn- und Geschlechtsorgane (Entzündung der Blase und Prostata, Nierenkoliken, Hydrozele);
h) des Bewegungsapparates (Meniskusschäden, habituelle Luxationen, schwere Wirbelsäulenveränderungen, Ischias, Muskel- und Gelenkrheumatismus mit Rückfallneigung);
i) der Haut (allergische Hautausschläge, wie Kontaktekzeme usw.);
k) des Stoffwechsels (Diabetes, Gichtanfälle).

Weiter frage man nach regelmäßigen oder zeitweisem Medikamentenkonsum (Psychopharmaka, Analgetika, Antihistaminika). Allgemein gilt es Krankheiten zu erfassen, die durch Druck- oder Wassereinwirkung, wie sie beim Tauchen vorkommen, plötzlich in ein akutes gefährliches Stadium übergehen können. Weiter ist zu bedenken, daß gewisse Krankheiten und Gebrechen zu Unfällen und Schädigungen disponieren (Barotraumen und Dekompressionsunfälle).

Die taucherärztliche Untersuchung folgt im wesentlichen den bereits in der Anamnese angedeuteten Schwerpunkten. Bei entsprechenden pathologischen Befunden ist evtl. eine weitergehende spezialärztliche Abklärung notwendig. In jedem Fall sollte eine Thoraxübersichtsaufnahme in zwei Ebenen gemacht oder evtl. durchleuchtet werden (Strahlenbelastung!). Dabei achte man besonders auf akute und chronische Prozesse der Lungen, Pleurablätter und des Mediastinums. Peripher liegende verkalkte Lungenherde, Emphysemblasen und Brustfellverwachsungen schließen das Tauchen aus, weil sie rasches

Entweichen der sich expandierenden Luft, wie es beim Auftauchen der Fall ist, verhindern können. Zeichen einer bronchialen Obstruktion (eingeschränkter Tiffeneau-Test) verbieten das Tauchen ebenfalls (Emphysem, Bronchitis, Asthma bronchiale). Herz und Kreislauf sollen besonders bei älteren Probanden eingehend geprüft werden (Belastungs-EKG usw.).

Patienten mit Hypertonie, Arrhythmien, Myokardschäden und Angina pectoris ist vom Unterwassersport abzuraten. Reizleitungsstörungen leichteren Grades, Schenkelblock und Wolff-Parkinson-White-Syndrom sind im Rahmen der Gesamtuntersuchung zu bewerten. Über- und Untergewichtigkeit sind für das Tauchen gleichermaßen ungünstig aber selten kritisch.

In der Überdruckkammer läßt sich die Fähigkeit zum Druckausgleich sämtlicher Schädelhöhlen und insbesondere des Mittelohrs leicht prüfen. Ausreichender Druckausgleich kann aber auch einfach durch Tauchen (4–5 m) in einem Schwimmbad kontrolliert werden. Personen mit Trommelfellnarben, die sich beim Valsalva-Versuch vorwölben, und mit chronischen Entzündungen der Schädelhöhlen, sollen nicht tauchen. An das Hörvermögen sind keine besonderen Ansprüche zu stellen. Hingegen sollte ebenfalls vom Tauchen abgeraten werden bei Sehstörungen, die mit Augenhintergrundaveränderungen kombiniert sind. Brillenträger können zugelassen werden. Störungen des Gleichgewichtssinns schließen vom Tauchen aus. Akute und chronische Infekte (erhöhte Senkung und abnormes Blutbild) verlangen Abklärung und Sanierung der Ursachen.

Magendarmerkrankungen (Ulcusdisposition, Gallensteinkoliken, größere Operationen im Bauchraum mit Verdacht auf Adhäsionen, saures Aufstoßen usw.) machen tauchuntauglich. Insbesondere achte man auf Hernien. Einwandfrei operativ sanierte Bruchpforten sind jedoch kein Grund, das Tauchen zu verbieten. Rezidivierende Entzündungen der Nieren und der ableitenden Harnwege (floride Geschlechtskrankheiten, Nierenkoliken usw.) schließen mindestens temporär vom Unterwassersport aus. Das gleiche gilt bei operativ nicht sanierten, ausgedehnten Varikozelen und Hydrozelen.

Erkrankungen des Skeletts, ob traumatischer oder degenerativer Art müssen speziell darauf geprüft werden, ob sie die Beweglichkeit im Wasser und an Land (Belastung durch Geräte und Bleigewichte) nicht entscheidend beeinträchtigen. Personen mit Sensibilitätsstörungen und Lähmungen peripherer Nerven, mit Restzuständen von Poliomyelitis, Meningitis, Enzephalitis, schweren Schädeltraumen mit Kommotio und Neigung zu Bewußtseinsverlusten sind zum Tauchen ungeeignet.

In der Überdruckkammer kann in einer Testtiefe von 50 m (6 bar) das Verhalten bei erhöhtem Stickatoffteildruck (Inertgasnarkose oder Tiefenrausch) überprüft werden. Durch Atmen von 100igem Sauerstoff in 15 m Tiefe (2,5 bar Sauerstoffteildruck) kann die Sauerstofftoleranz (Sauerstoffvergiftungserscheinungen) der zukünftigen Taucher getestet werden. In der Überdruckkammer lassen sich klaustrophobe Reaktionen und das Verhalten in ungewöhnlichen Situationen (Neigung zur Hyperventilation) schnell und sicher erfassen. Psychiatrisch gilt es, neurotische Tendenzen, emotionelle und intellektuelle Unreife zu erkennen und die Betreffenden vom Tauchen fernzuhalten.

Für das Tauchen sind sicherlich keine überdurchschnittlichen körperlichen und geistigen Voraussetzungen notwendig. Trotzdem gibt es einen erheblichen Prozentsatz von Menschen, die aufgrund ihrer physischen oder psychischen Beschaffenheit für das Tauchen ungeeignet sind. Das Wasser als ein uns fremdes Lebenselement erlaubt weniger „gesundheitlichen" Spielraum, als wir es von unserem Erdendasein gewohnt sind.

Im Folgenden sind einige Sportärztliche Formulare wiedergegeben, die als Anhaltspunkte dienen können. Die taucherärztliche Untersuchung ist allerdings vom Gesetzgeber nicht vorgeschrieben im Gegensatz zur Fliegerärztlichen, da der kranke oder untaugliche Taucher i. a. nur sich selbst gefährdet.

Formular «Sportärztliche Tauglichkeitsuntersuchung für den Unterwassersport» in der BRD der diwa (Diving Instructor World Association)
nach den Grundsätzen der Commission médicale et de prévention der C.M.A.S.

Untersuchender Arzt oder Dienststelle: ....

Erstuntersuchung? (Datum) .... Nachuntersuchung? (Datum) ....

Dieser Teil ist vom Untersuchten selbst auszufüllen (Druckschrift oder Schreibmaschine). Alle Angaben und die ärztlichen Feststellungen unterliegen der ärztlichen Schweigepflicht, von der nur der Untersuchte den Arzt befreien kann. Die Schweigepflicht besteht auch über den Tod des Untersuchten hinaus. — Es liegt im ausschließlichen Interesse des Untersuchten, die Fragen wahrheitsgemäß zu beantworten. Durch eigenhändige Unterschrift wird dies bestätigt.

Personalien des Untersuchten

Name: .... Vorname: ....

geb.: .... Wohnort: ....

Schwimmen: (seit wann) .... als Sport: (seit) .... Tauchen: (seit wann) ....

Schnorcheltauchen: (seit) .... durchschnittliche Tauchtiefe: .... m

Gerätetauchen: (seit) .... durchschnittliche Tauchtiefe: .... m

Sporttaucherschein: Jahr .... Deutsches Sportabzeichen, Bronze .... Silber .... Gold ....

Welche anderen Sportarten wurden früher, welche werden jetzt noch ausgeübt? ....

....

Hatten Sie jemals einen Tauchunfall? (Wenn ja, welcher Art?): ....

(Bitte Datum oder Jahr mit vermerken)

1. Hatten Sie größere Verletzungen, Unfälle, Operationen, Krankenhaus- oder Heilstättenbehandlungen? ....
....

2. **Haben oder hatten Sie Beschwerden oder Erkrankungen**
   a) der Nase oder Nasennebenhöhlen (Stirn- und Kieferhöhlen), z. B. häufige Katarrhe, Heuschnupfen, häufig Nasenbluten nach Tauchen? ....
   b) der Ohren, z. B. Mittelohrentzündungen, Ohrenlaufen, Trommelfellrisse? ....
   c) des Kopfes, Gehirns oder Nervensystems, z. B. Schädelverletzungen, Gehirnerschütterungen, Schwindel, häufige Kopfschmerzen, Krämpfe, Epilepsie, Neigung zu Bewußtlosigkeiten oder Ohnmachten, zur Seekrankheit? Bekommen Sie Angstgefühle in engen, geschlossenen Räumen? ....
   d) der Atmungsorgane, z. B. Tuberkulose, Rippenfellentzündung, Asthma, länger dauernde Bronchitis, Atemnot nach leichten Anstrengungen? ....
   e) des Herzens oder Kreislaufs, z. B. Herzfehler, Engegefühl und Schmerzen in der Herzgegend, erhöhten Blutdruck, Venenentzündung? ....
   f) der Verdauungsorgane, z. B. Magen- oder Zwölffingerdarmgeschwüre, Koliken, Gelbsucht? ....
   g) der Nieren, Harn- oder Geschlechtsorgane, z. B. Nierenentzündungen, Nierenbecken- oder Blasenentzündung, Syphilis? ......
   h) der Haut, Knochen oder Gelenke, z. B. allergische Hauterkrankungen, Gelenkrheumatismus, gewohnheitsmäßige Luxationen?
   i) mit Stoffwechselstörungen, z. B. Über- oder Unterfunktion der Schilddrüse, Tetanie, Gicht, Zuckerkrankheit? ....
   k) der Augen, z. B. Herabsetzung der Sehschärfe? ....
   l) oder an sonstigen Krankheiten, Fehlern und Beschwerden, nach denen nicht ausdrücklich gefragt ist? ....

3. Hatten Sie in den letzten Monaten eine fieberhafte Erkrankung? ....
4. Was trinken Sie an Alkohol? ....
5. Wieviel rauchen Sie? ....
6. Nehmen Sie irgendwelche Medikamente? ....
7. Wann wurde zuletzt eine Röntgenaufnahme der Lunge und wann ein EKG gemacht? ....

...., den ....

(Unterschrift)

Rückseite Formular «Sportärztliche Tauglichkeitsuntersuchung»

BEFUND

Größe: .... cm   Gewicht: .... kg

Allgemeinzustand: ....

Kopf: (NAP?) ....

    Augen: ....

    Nase und Nasennebenhöhlen: ....

    Ohren: ....

    Mundhöhle: ....

Thorax: ....

    Umfang: ....
    Die Differenz des Umfanges in Höhe der Mamillen soll wenigstens 6 cm betragen.

    Lungen: ....

    Herz: ....
    Eine Röntgenuntersuchung des Thorax ist in jedem Falle empfehlenswert. Sie darf nur unterlassen werden, wenn anamnestisch und klinisch Erkrankungen der Thoraxorgane weitgehend auszuschließen sind.

    Rö-Befund: ....
    Ein EKG ist wünschenswert, insbesondere nach kurz überstandenen Infektionskrankheiten. Es ist erforderlich in allen cardiologischen Zweifelsfällen und bei Erstuntersuchungen im Alter über 40 Jahren.

    EKG-Befund: ....

    Bauch: ....

    Hernien: ....

    ZNS: ....

    Vegetativum: ....

Besonderheiten: ....

LEISTUNGS- und FUNKTIONSPRÜFUNGEN

Vitalkapazität: .... Koeffizient: ....
Der Koeffizient zwischen der VK (ausgedrückt in Zentiliter) dividiert durch das Körpergewicht in kg darf nicht unter 4 liegen (bei gut trainierten Sportlern 8—10). Beispiel: VK 4500, Gewicht 75 kg — 450 : 75 = 6.

Atemanhaltetest:
In sitzender Stellung bei lockerer Haltung. Es darf vor jedem Versuch 3—4 mal tief durchgeatmet werden. 3 Versuche sind gestattet.

Nach tiefer Inspiration (nicht weniger als 40"): ....

Nach völliger Expiration (nicht weniger als 20"): ....

Hyperventilationstest:
Durchzuführen bei Verdacht auf latente Tetanie, nervösem Atemsyndrom oder vegetativen Dystonien. Während 3 Min. tief ein- und ausatmen lassen (25 mal in der Min.). Bei den oben angeführten Störungen treten Schwindel, Parästhesien, Tremor, Spasmen bis zu manifesten tetanischen Zeichen, Herzschmerzen und Engegefühle auf.

Kreislauffunktionsprüfung:

RR: .... im Liegen: .... im Stehen

Pulsfrequenz: .... / min im Liegen

Nach Belastung (30 tiefe Kniebeugen in 30 Sek.):

sofort	/	nach 1'	/	nach 2'	/	nach 3'	/	nach 5'	/
Puls	/ min		/ min		/ min		/ min		/ min

Die Ruhewerte sollen nach wenigstens 3' erreicht sein.

Besonderheiten, Bemerkungen: ....

ERGEBNIS

ist tauglich für Unterwassersport mit und ohne Gerät

ist tauglich für Unterwassersport mit und ohne Gerät ausschließlich in Schwimmbädern

ist nicht tauglich

(Zutreffendes unterstreichen)

Formular* «Tauglichkeitsattest»

Club: ....
Name: .... Vorname: ....
geb.: .... aus: ....
ist auf Grund meiner ärztlichen Untersuchung vom .... nach den Grundsätzen der Commission médicale et de prévention der C.M.A.S. *tauglich für Unterwassersport mit und ohne Gerät.*
Nachuntersuchung empfohlen in: ....
Datum: .... Stempel: .... Unterschrift: ....

Fragebogen zur Erfassung von Tauchunfällen

Der Fragebogen soll dazu beitragen, das Zustandekommen von Tauchunfällen besser zu klären. Die Bögen werden von der Sachabteilung «Ärztliche Betreuung» im Verband Deutscher Sporttaucher e. V. gesammelt und ausgewertet. Die Angaben dienen ausschließlich medizinischen Zwecken und werden von der Sachabteilung als Arztgeheimnis betrachtet. Eine Entbindung von der Schweigepflicht kann nur durch die dazu berechtigten Personen erfolgen.

Name und Vorname des Verunglückten: ....
Alter: .... Wohnort: ....
(evtl. Wohnort der Angehörigen)
Unfallort: ....
Zweck des Tauchganges: ....
(Erkundung, Jagd, Photographieren, Bergung)

ALLGEMEINE VERHÄLTNISSE

Wetterlage: ....
(windig, stürmisch, Seegang, Föhn, Lufttemperatur)
Sicht unter Wasser: unter 1 m: .... bis zu 3 m: .... über 3 m: ....
Wassertemperatur in den entsprechenden Tauchtiefen: ....

SCHILDERUNG DES UNFALLHERGANGES
Zur ausführlichen Schilderung bitte Separatbogen benutzen und beiheften.

Vorgeschichte: (unter evtl. Berücksichtigung von Anmarsch, Übermüdung, anderen körperlichen Anstrengungen, reichlichen Mahlzeiten oder Alkoholgenuß, Wohlbefinden oder Klagen über Beschwerden, psychische Auffälligkeiten) ....

Vorgänge beim Unfall: (mit Berücksichtigung evtl. Druckausgleichschwierigkeiten, Tätigkeit unter Wasser (größere Anstrengung), Verhältnisse des Unfallortes, Sprungschichten, Einwirkungen durch Giftfische, Verletzungen) ....

Maximale Tauchtiefe: .... Tauchtiefe beim Unfall: ....

---

* Entnommen aus: O. F. EHM, Tauchen – noch sicherer! S. 332–337. Rüschlikon – Zürich – Stuttgart – Wien: Albert Müller 1974.

Gesamtdauer des Tauchganges: ....
Waren Dekompressionszeiten erforderlich, wurden sie eingehalten: ....
Wievielter Tauchgang in den letzten 36 Stunden: ....
Welches Atemgerät wurde benutzt: ....
(Fabrikat, Alter, Zustand)
Preßluftflaschen: .... Prüfdatum: ....
Wo letzte Füllung: ....
(evtl. Ergebnis der Luftanalyse)
Welche Ausrüstung wurde mitgeführt: ....
(Bleigürtel, Tauchanzug, Tauchzubehör, Film- oder Photoapparatgehäuse)
Welche Sicherheitsmaßnahmen waren getroffen:
(Leinen, Bojen, Beobachtungsboote, Verständigungsvereinbarungen)
Was ist über die gesundheitliche und tauchsportliche Eignung des Verunglückten bekannt: ....
Wo und wann wurde die Tauchertauglichkeitsuntersuchung durchgeführt: ....
(Anschrift des Arztes)
Beobachtungen an dem Verunglückten: ....
(Gesichts- und Hautfarbe, Blutungen aus Nase, Ohren oder Mund, Schaumbildung vor dem Mund, Krämpfe, Angaben des Verunglückten über Schmerzen oder Beschwerden)
Welche Behandlungen wurden durchgeführt: ....
(manuelle künstliche Beatmung; nach welcher Methode, Mund-zu-Mund-Beatmung, Sauerstoffbeatmung, evtl. Maßnahmen eines Arztes und dessen Anschrift, Transportverhältnisse (Transportmittel und -dauer), Dekompressionskammerbehandlung? Evtl. wo?)
Sektionsprotokoll: ....
(Anschrift der durchführenden Stelle)
Name und Anschriften der Tauchkameraden und evtl. Zeugen: ....

....
(Ort und Datum) (Name und Unterschrift des Berichterstatters)

Schweizerische Lebensrettungs-Gesellschaft (SLRG)
Société Suisse de Sauvetage (SSS)

Schweizerischer Unterwassersportverband (SUSV)
Fédération Suisse de Sports Subaquatiques (FSSS)

Tauglichkeit
Aptitude à la plongée
Herr / Frau / Fräulein   ist
M., Mme, Mlle   est

☐ tauglich ☐ untauglich ☐ vorübergehend untauglich **zum Freitauchen**
apte   inapte   temporairement inapte   **à la plongée libre**

☐ tauglich ☐ untauglich ☐ vorübergehend untauglich **zum Gerätetauchen**
apte   inapte   temporairement inapte   **à la plongée avec bouteilles**

Folgende zusätzliche spezialärztliche Untersuchung ist angezeigt: _____
L'examen complémentaire suivant par un médecin spécialiste est indiqué:

Datum _____ Der Arzt (Stempel): _____
Date   Le médecin (timbre):

(Dieses Formular ist vom Arzt dem Taucher mitzugeben)

Schweizerische Lebensrettungs-Gesellschaft (SLRG)
Société Suisse de Sauvetage (SSS)

Schweizerischer Unterwassersportverband (SUSV)
Fédération Suisse de Sports Subaquatiques (FSSS)

> Dieses Untersuchungsformular bleibt beim untersuchenden Arzt. Der Untersuchte bekommt den Tauglichkeitsausweis.
> Cette formule d'examen reste chez le médecin chargé de l'examen. L'examiné reçoit le certificat d'aptitude à la plongée.

Sportärztliche Untersuchung für Taucher · Examen médico-sportif pour plongeurs

Personalien · Dates personnelles

Name / Nom _____ Vorname / Prénom _____ Geburtsdatum / Date de naissance _____

Beruf / Profession _____ Wohnort / Domicile _____ Strasse / Rue _____

SLRG-SUSV-Sektion / Section SSS-FSSS _____

Anamnese (vom Arzt auszufüllen) · **Anamnèse** (à remplir par le médecin)

Herzerkrankungen, Gefässerkrankungen, Asthma bronchiale, chronische Bronchitis _____
Maladies cardiaques, maladies vasculaires, asthme bronchial, bronchite chronique

Andere Lungenerkrankungen _____
Autres affections pulmonaires

Rheumatische Erkrankungen, Nervenkrankheiten, Anfälle von Bewusstlosigkeit _____
Maladies rhumatismales, affections neurologiques, crises d'évanouissement

Allergien / Allergies _____

Operationen (was, wann) / Opérations (quoi, quand) _____

Unfälle (was, wann) / Accidents (quoi, quand) _____

Otitis media / Otite moyenne _____ Tonsillectomie _____

Militär (was) / Militaire (quoi) _____

Sport (was) / Sports (quoi) _____

Tauchen (seit wann, Unfälle) / Plongée (depuis quand, accidents) _____

Letzte tauchärztliche Untersuchung / Dernier examen médical d'aptitude à la plongée _____ wann / quand _____

bei wem / chez qui _____ damaliger Entscheid / décision prise _____

Tabak / Tabac _____ Alkohol / Alcool _____ Medikamente / Médicaments _____

Bemerkungen · Observations

Der unterzeichnete Kandidat bestätigt, die obigen Angaben wahrheitsgetreu gemacht zu haben.
Le candidat soussigné atteste que les indications ci-dessus sont conformes à la vérité.

Datum / Date _____ Unterschrift des Kandidaten / Signature du candidat _____

Status (vom Arzt auszufüllen) · **Examen physique** (à remplir par le médecin)

Grösse _____ cm Gewicht _____ kg
Grandeur   Poids

Habitus: athletisch, leptosom, pyknisch, Mischtyp
Type: athlétique, leptosome, pycnique, type mixte

Gehör: Test nach Weber   re _____ li _____
Ouïe: Test de Weber   droite   gauche

       Äusserer Gehörgang   re _____ li _____
       Conduit auditif externe droite   gauche

       Trommelfell   re _____ li _____
       Tympan   droite   gauche

Nase, Nebenhöhlen _____
Nez, sinus

Visus _____   Reflexe _____
Vue   Réflexes

Vegetative Zeichen _____
Signes végétatifs

Rachen _____   Gebiss _____
Gorge   Mâchoire

Lymphknoten _____   Schilddrüse _____
Ganglions lymphatiques   Thyroïde

Skelett _____   Gelenke _____
Squelette   Articulations

Lungen: Auskultation _____ Perkussion _____
Poumons: Auscultation   Percussion

Herz: Auskultation _____ Perkussion _____
Cœur: Auscultation   Percussion

       Blutdruck _____ Puls _____
       TA   Pouls

Besonderes (z. B. Psyche, Intelligenz) _____
Signes particuliers (par exemple psychisme, intelligence)

BSR _____ HB _____ Urin: E _____ Z _____
Sédimentation Hémoglobine   Urine: Albumine   Glucose

Fakultative Untersuchungen · Examens facultatifs

Nach Ermessen des Arztes oder auf Verlangen des SUSV (höhere Taucherprüfungen)
Selon jugement du médecin ou sur demande de la FSSS (épreuves de plongée de niveau supérieur)

Thoraxröntgen oder Schirmbild oder Durchleuchtung _____
Radiographie du thorax ou radiophotographie ou radioscopie

EKG _____
ECG

Vitalkap: Soll _____ ml _____ Ist _____ ml _____
Capacité vitale: Normale   Effective

                 Relat. Sek. kap. _____ %
                 Capacité relative-seconde

Bemerkungen · Observations

Datum _____ Der Arzt (Stempel): _____
Date   Le médecin ((timbre):

Austauchregeln (Dekompressionsregeln)

Zweck der Dekompression

Beim Tauchen nimmt der Umgebungsdruck zu und damit auch der Druck (Molekülzahl pro Volumeneinheit) der geatmeten Luft. Dabei wird das zu rund 79% in der Luft vorhandene Gas Stickstoff (N_2) vermehrt und vom Blut aufgenommen und ans Gewebe abgegeben. Beim Auftauchen geschieht der umgekehrte Vorgang: Der N_2 diffundiert aus den Geweben in das Blut, wird zur Lunge transportiert, wo er abgeatmet wird. Nimmt der Umgebungsdruck zu schnell ab, so kann der im Blut und in den Geweben gelöste N_2 nicht genügend schnell abtransportiert werden. Es bilden sich in Blut und Geweben Gasblasen, welche zu schweren Schäden führen können. Diese gefährliche Blasenbildung wird durch eine dem Tauchgang angepaßte Austauchgeschwindigkeit – Dekompression – verhindert.

Unsere Dekompressionstabellen berücksichtigen Tauchtiefe, Tauchzeit und Luftdruck an der Wasseroberfläche.

Grundlagen der vorliegenden Tabellen

Die vorliegenden Dekompressionstabellen basieren auf der vieljährigen Erfahrung des Züricher Druckkammerlaboratoriums unter Leitung von Prof. A. A. Brühlmann. Sie sind im Labor und in der Praxis weitgehend erprobt und verglichen mit denen der US-Navy und der Royal Navy sicherer, was die Unfallhäufigkeit betrifft. Es sind auch die einzigen in größerem Umfange für das Tauchen in Bergseen geprüften Dekompressionstabellen.

Tabelle 10

Höhenlagen (m)	0 –700	701 –1500	1501 –2500	2501 –3500
bar	1,03–0,93	0,93–0,84	0,84–0,74	0,74–0,65
Druck an der Oberfläche bei Ende der Dekompression	0,95	0,86	0,76	0,67

Unsere „Normaldrucktabellen" gelten bis 700 m ü. M., weshalb die Dekompressionszeiten für kurze Tauchgänge etwas länger sind als die auf Meereshöhe orientierten Tabellen der US-Navy.

Die umfangreichen Berechnungen mit Berücksichtigung von 14 verschiedenen N_2-Halbwertszeiten von 5–635 min erfolgten mittels eines IBM-Computers und wurden von der schweizerischen Unfallversicherungsanstalt finanziell unterstützt.

Allgemeine Regeln

Wegen der Gefahr des Tiefenrausches darf ohne Sicherung von der Oberfläche nicht tiefer als 40 m (5,0 bar Absolutdruck) getaucht werden. Diese Grenze verschiebt sich für Tauchinstruktoren auf 50 m.

Einzeltauchgänge

Nullzeiten (no decompression stops) (0–700 m ü. M.)

Tauchzeiten, nach denen für die sichere Dekompression die Aufstiegsgeschwindigkeit von 10 m/min genügen, sind in der Nullzeitentabelle zusammengefaßt (Abb. 32).

Die Nullzeiten geben für jede bestimmte Tauchtiefe die maximale Tauchzeit (Grundzeit) an, um nachher gerade noch ohne Dekompressionshalt sicher an die Oberfläche zurückzukehren (Abb. 32).

Beim Auftauchen muß eine minimale Geschwindigkeit von 10 m/min eingehalten werden. Schnellere Abstiegszeiten haben keinen Einfluß auf die Nullzeiten. Bei wesentlich längeren Abstiegszeiten ist die Aufenthaltszeit entsprechend zu kürzen, die Tauchzeit = Grundzeit (Abstiegszeit + Aufenthaltszeit entsprechend der Nullzeit) muß auf alle Fälle eingehalten werden. Beim Auftauchen soll die Geschwindigkeit von 10 m/min nicht überschritten werden (Abb. 32 und 33). Schnellere und langsamere Aufstiegszeiten sind zu vermeiden. Bei zu schnellen Aufstiegen kann der Körper zuwenig Gas über die Lungen abgeben, die Stickstofflöslichkeitsgrenze wird überschritten. Langsamere Aufstiegszeiten entsprechen einer Verlängerung der Tauchzeit und können so zu einer kritischen Übersättigung in gewissen Körperteilen führen. Es müssen also die maximalen Abstiegs-, Aufenthalts- und die vorgeschriebenen Aufstiegszeiten zusammen mit der gesamten Tauchzeit (Tauchdauer) entsprechend den Tauchtiefen genau eingehalten werden. Angebrochene Minuten werden aus Sicherheitsgründen stets aufgerundet!

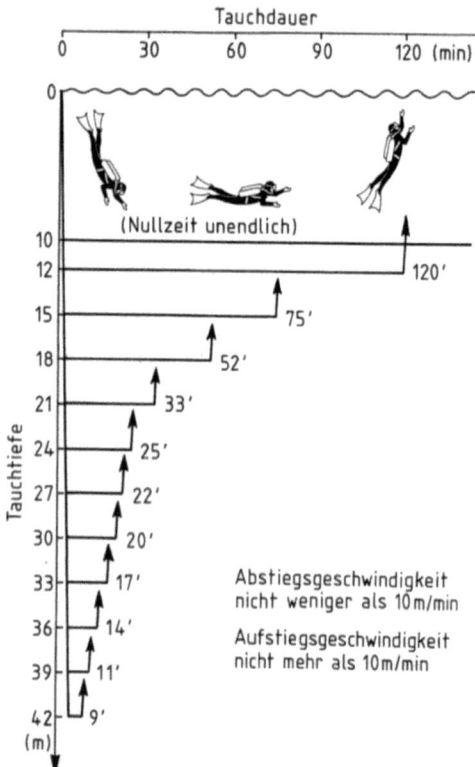

Abb. 32. Unter der Nullzeit verstehen wir die Summe von Abstiegs- und Aufenthaltszeit = Grundzeit = Tauchzeit für eine gegebene Tauchtiefe aus der wir noch ohne Dekompressionshalte mit einer Geschwindigkeit von 10 m/min aufsteigen können

Das folgende Beispiel soll das eben beschriebene Vorgehen erläutern (Abb. 33).

Seit unserem ersten Abtauchen mit mindestens 10 m/min sind 10 Minuten und 10 Sekunden vergangen, wir haben uns hauptsächlich in einer Tiefe von 40 m aufgehalten. Unser Tiefenmesser zeigte ein- oder zweimal eine Tiefe von 41 m an. Unsere Tauchtabellen berücksichtigen für die Tiefe einen Sicherheitszuschlag von 2 m, daher ist für unsere Nullzeit die Tiefe von 39 m entscheidend, sie beträgt 11 min. Wir haben also noch 50 sec Zeit bis zum Entschluß, noch ohne Dekompressionshalt zur Oberfläche aufzusteigen (4 min Abstiegszeit + 7 min Aufenthaltszeit = Tauchzeit entsprechend der Nullzeit von 11 min für 39 m Tiefe + 4 min Aufstiegszeit = 15 min gesamte Tauchdauer). Die Nullzeiten für das Tauchen mit Preßluft sollte jeder Tau-

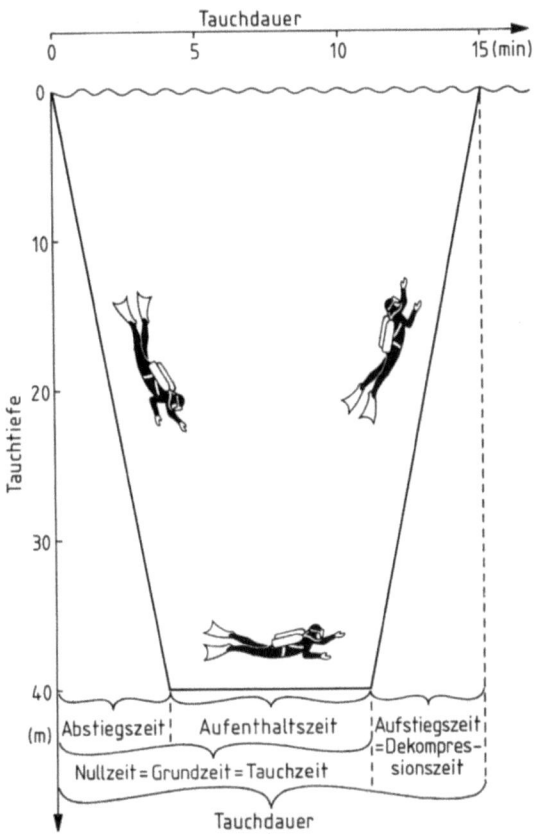

Abb. 33. Beispiel zur Benutzung der Nullzeitentabelle
Gewählte Tauchtiefe 39–41 m bei einer Aufenthaltszeit von 7 min, Abstiegs- und Aufstiegszeit je 4 min (10 m/min Abstiegs- und Aufstiegsgeschwindigkeit), Nullzeit 11 min (für die Tauchtiefe 39 m plus 2 m Sicherheitszuschlag), gesamte Tauchzeit 15 min

cher auswendig kennen. Der Luftvorrat muß also bei unserem Beispiel noch mindestens für eine Aufstiegszeit von 4 Minuten genügen. Wer wie ein Korkzapfen an die Oberfläche schießt, riskiert auch innerhalb der Nullzeiten einen Dekompressionsunfall. In Notfällen kann eine Aufstiegsgeschwindigkeit von 20 m/min noch sicher sein.

Die in Abbildung 32 angegebenen Nullzeiten gelten für 1,03–0,93 bar Barometerdruck und können in Süßwasserseen, bis zu einer maximalen Höhe von 700 m über dem Meeresspiegel, Verwendung finden. *Die für die Tauchtiefen angegebenen Nullzeiten berücksichtigen eine Tiefenüberschreitung von 2 m, jedoch keine Zeitüberschreitung!*

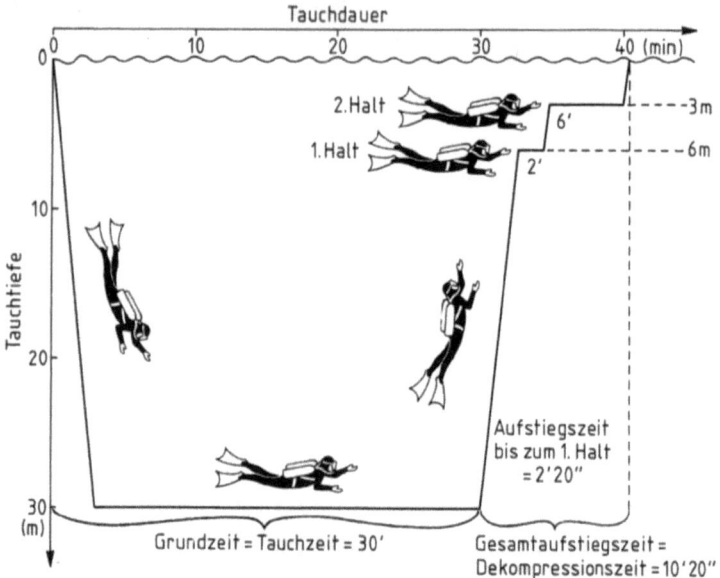

Abb. 34. Beispiel eines Tauchganges nach Luftdekompressionstabelle 11 für Seen bis 700 m ü. M. mit Dekompressionshalten in 6 und 3 m Tiefe

Dekompressionsstufen (decompression stops)

Tauchen wir länger als die Nullzeit beträgt oder tiefer als 42 m, so ist mindestens ein Dekompressionshalt in der Tiefe von 3 m notwendig (Abb. 34 und Tabelle 11). Für das Tauchen jenseits der Nullzeit muß daher je nach Tauchtiefe und Grundzeit (bottomtime) eine aus der Dekompressionstabelle ablesbare Haltezeit und Gesamtaufstiegszeit eingehalten werden. Die Tiefe der Austauchstufen soll möglichst genau eingehalten werden. Dies geschieht am besten an einem mit entsprechenden Marken versehenen Grundtau. Freischwimmend muß man die entsprechende Dekompressionsstufe anhand des Tiefenmessers dauernd überwachen und korrigieren. Aus der Berücksichtigung der Wartezeiten auf jeder Stufe und der Aufstiegszeit von Stufe zu Stufe ergibt sich die Gesamtaufstiegszeit (Dekompressionszeit). Die vorgeschriebenen Zeiten für die Dekompression behält man nicht nur im Kopf, sondern führt sie auch schriftlich bei jedem geplanten Tauchgang, zusammen mit der Luftreserveberechnung, mit sich. Der Taucher soll die Zeit auf den verschiedenen Dekompressionsstufen nach Möglichkeit in horizontaler Körperlage zubringen und sich körperlich betätigen. Die Haltezeiten der Dekompressionsstufen, welche tiefer als 9 m liegen, dürfen nicht massiv überschritten werden (Abb. 35 c).

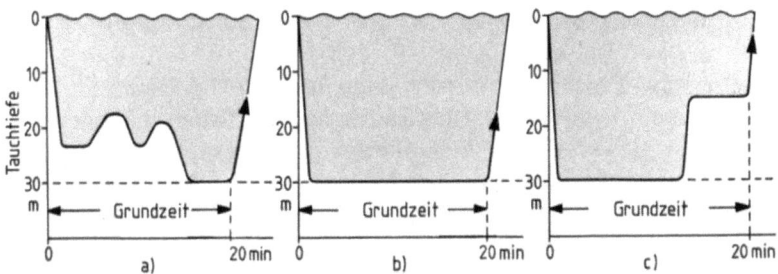

Abb. 35. Drei verschiedene Einzeltauchgänge mit gleicher Dekompressionsvorschrift
Alle drei Beispiele müssen nach dem Schema Abb. 33 dekomprimieren. Tauchtiefe = 30 m Tauchzeit (bottom time) = Grundzeit = 30 min
a) Der Dekompressionsplan muß sich nach der größten, erreichten Tiefe richten, d. h. 30 m
b) In diesem Beispiel ist die maximale Ausnützung eines Dekompressionsplanes dargestellt; sehr schneller Abstieg, Aufenthalt immer auf 30 m Tiefe und total 30 min Tauchzeit bis zum Beginn des Aufstieges mit Dekompressionshalten
c) Bei diesem Beispiel wird während des Aufstieges bei 15 m ein Halt von 9 min eingelegt. Dieser Halt (tiefer als 10 m, Nullzeit nicht mehr unendlich!) gilt nicht als ein Dekompressionshalt, sondern er muß zur Tauchzeit hinzugezählt werden

Tauchtiefe (depth). Die Tabellen berücksichtigen für die Tauchtiefe einen Sicherheitszuschlag von 2 m. Zur Ermittlung der Dekompression geht man von der größten erreichten Tiefe aus. Bei Zwischenwerten muß man auf die nächst größere Tiefe, welche auf der Tabelle angegeben ist, *aufrunden* (Abb. 35 a).

Grundzeit = Tauchzeit (botton time). Die Tauchzeit erstreckt sich vom Beginn des Abtauchens bis zum Beginn des Aufstiegs. Die Abstiegszeit darf beliebig lang oder kurz sein (Abb. 35 a), sie ist immer in der Tauchzeit enthalten. Die Tauchzeiten müssen bei Zwischenwerten für die Ermittlung der Dekompression *aufgerundet* werden (Abb. 35 c).

Aufstiegsgeschwindigkeit (max. ascent rate). Die maximale Aufstiegsgeschwindigkeit zum Erreichen der 1. Dekompressionsstufe beträgt 10 m/min und soll möglichst genau eingehalten werden. Zusätzliche Halte vor Erreichen der 1. Stufe in Tiefen über 10 m müssen zur Grundzeit hinzugezählt werden (Abb. 35 c).

Für Tauchgänge in Höhen zwischen 701–1500 m ü. M., 1501–2500 m ü. M. und 2501–3500 m ü. M. gelten die Dekompressionstabellen 12, 13 und 14.

Bei jeder unserer Dekompressionstabellen ist die Repetitiv-Gruppe für den entsprechenden Tauchgang mit Buchstaben in der Spalte ganz rechts angegeben.

Repetitiv-Tauchgänge

Als Repetitiv-Tauchgänge bezeichnet man solche, bei denen im Körper von einem vorhergegangenen Tauchgang noch überschüssiges Gas vorhanden ist. Dieser erhöhte Gasdruck muß bei einem nachfolgenden Tauchgang berücksichtigt werden.

Da das Fassungsvermögen der meisten Atemgeräte nicht ausreicht, die Nullzeiten in geringen Tiefen zu überschreiten, wird öfter innerhalb der Nullzeiten aufgetaucht, und nach einem mehr oder weniger langen Aufenthalt an der Oberfläche erneut abgetaucht. Der Gasdruck im Körper entspricht nun aber unmittelbar nach einem vorangegangenen Tauchgang nicht mehr genau dem Barometerdruck an der Wasseroberfläche. Je kürzer also unser Aufenthalt an der Oberfläche zwischen dem ersten und dem beabsichtigten zweiten Tauchgang ist, desto mehr Gas enthält der Körper noch vom ersten Tauchgang her. Der Gasdruck im Körper reichert sich infolgedessen durch kurzzeitig aufeinanderfolgende Tauchgänge an. Daher kann bereits nach dem 2. oder 3. Tauchgang trotz Einhalten der Nullzeiten ein Dekompressionshalt notwendig werden.

Bei wiederholten Tauchgängen müssen Zeitzuschläge für die Grundzeit berücksichtigt werden. Die Repetitivgruppe ist für jeden Tauchgang mit einem Buchstaben gekennzeichnet. Die Zeitzuschläge werden mit der Oberflächenintervalltabelle 15 und mit der Zeitzuschlagtabelle 16 für jede Tauchtiefe ermittelt.

Falls täglich getaucht wird, soll die Gesamtzeit der Tauchgänge einschließlich der Intervallzeiten an der Oberfläche nicht mehr als 6 Stunden pro 24 Stunden betragen.

Beispiele für Repetitivtauchgänge

1. Nach Tauchgängen innerhalb der Nullzeit

Nach einem Aufenthalt von 52 min in einer Tiefe von 18 m kann ohne Dekompressionshalt in knapp 2 min aufgetaucht werden (Tabelle 1[1]). Beträgt die Grundzeit auf 18 m nur 20 min, so befindet sich der Taucher in der Repetitivgruppe C, was in der Zeitzuschlagtabelle 16 abgelesen werden kann. Er darf zusätzlich 32 min auf 18 m tauchen und dann ohne Dekompressionshalt zur Oberfläche zurückkehren.

---

[1] Tabelle 11–16 siehe „Dekompressionstabellen des Druckkammerlaboratoriums Zürich für Luftatmung", S. 110–124

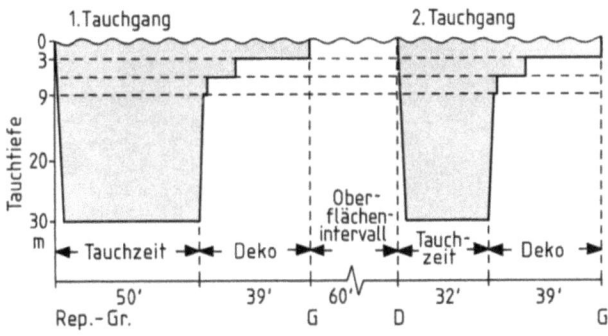

Abb. 36. Repetitivtauchgänge mit Oberflächenintervall

2. Nach Tauchgängen mit Dekompression (Abb. 36)

Beim 1. Tauchgang hielt sich der Taucher während 50 min in einer Tiefe von 30 m auf. Am Ende der Dekompression befindet er sich in der Repetitivgruppe G (siehe Tabelle 11). Nach einem Intervall von 60 min an der Oberfläche gilt die Repetitivgruppe D (siehe Oberflächenintervalltabelle 15). Der Zeitzuschlag für einen 2. Tauchgang auf 30 m beträgt 18 min (siehe Zeitzuschlagtabelle 16). Nach einer Aufenthaltszeit von 32 min auf 30 m muß entsprechend einer Grundzeit von 50 min, d. h. gleich wie nach dem 1. Tauchgang dekomprimiert werden. Am Ende des 2. Tauchganges gilt wieder die Repetitivgruppe G (siehe Tabelle 11).

Mehrmalige Repetitiv-Tauchgänge. Für mehrere, einanderfolgende Repetitiv-Tauchgänge wendet man das gleiche Verfahren an.

Repetitiv-Gruppe „O". Diese Gruppe gibt an, nach wieviel Zeit in Stunden praktisch alles überschüssige Gas den Körper verlassen hat, d. h., daß ein Zeitzuschlag entfällt (s. Oberflächenintervalltabelle 15).

Stufenweises Abtauchen (Abb. 37)

Werden beim Abtauchen in zunehmender Tiefe Aufenthalte durchgeführt, so können diese einzelnen Stufen als Repetitiv-Tauchgänge ohne Dekompression und Oberflächenintervall betrachtet werden. Der Dekompressionsplan richtet sich dann nach der größten erreichten Tiefe und der dort verbrachten Zeit zuzüglich des Zeitzuschlages, welcher sich aus der Zeitzuschlagstabelle errechnet. Dieses Verfahren ist nur gestattet, wenn die einanderfolgenden Halte jeweils in einer *zunehmenden* Tiefe erfolgen, anderenfalls muß man wie beim Oberflächenintervall einen Zeitzuschlag berücksichtigen.

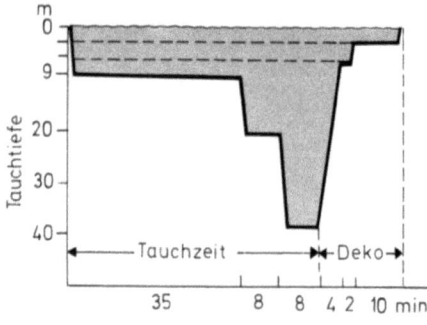

Abb. 37
Stufenweises Abtauchen

Oberflächenintervall mit Atmung von 100% O_2

Wird während des Oberflächenintervalls reiner Sauerstoff (O_2) geatmet, so wird die Entsättigung des Körpers vom überschüssigen N_2 beschleunigt, d. h. die Intervalle, um in die nächst kleinere Gruppe zu kommen, sind kürzer als bei Luftatmung. Sporttauchern ist dieses Vorgehen aus praktischen Gründen meist versagt, respektive nicht zu empfehlen.

Änderung der Höhenlage zwischen zwei Tauchgängen

Wird zwischen zwei Tauchgängen die Höhenlage verändert, so müssen die Repetitiv-Gruppen entsprechend den Höhentabellen übertragen werden.

Beispiel (Abb. 38)
Tauchgang 450 m ü. M., 30 m, 40 min, um 11.00 Uhr ist der Taucher aus dem Wasser und befindet sich nun in Gruppe G (Tabelle 11). Mit einem Helikopter wird er nun zu einem Bergsee auf 1 400 m ü. M. geflogen. Um 12 Uhr hat er die Höhengrenze 700 m ü. M. überstiegen. (Zu diesem Zeitpunkt ist er in der Gruppe D, was ihm eine Flughöhe bis zu 2 000 m ü. M. erlaubt). Um 12.55 Uhr ist er bereit zum neuen Tauchgang. Nach der Oberflächenintervalltabelle befand er sich ab 12.00 Uhr in der Gruppe D. Die restlichen 45 min Oberflächenintervallzeit in 1 400 m Höhe berücksichtigt er in der Oberflächenintervalltabelle 15 ein Oberflächenintervall von 100 min Dauer und kommt von der Gruppe D in die Gruppe B. Entsprechend seiner neuen Tauchtiefe sucht er sich nun den Zeitzuschlag heraus, für 30 m = 10 min (Tabelle 16), den er zur realen Tauchzeit (Tabelle 12) des 2. Tauchgangs von 30 m in 1 400 m ü. M. dazuzählen muß (10 + 16 = 26 min).

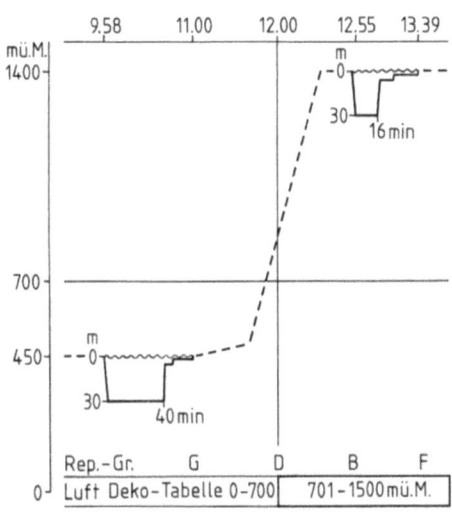

Abb. 38. Änderung der Höhenlage zwischen zwei Tauchgängen

Für die Dekompression berücksichtigt er eine Grundzeit von 30 min (30 m) und ist nach dem Tauchgang in Repetitivgruppe F (Tabelle 12).

Flugreisen

Bei modernen Verkehrsmaschinen besteht in der Regel ein Kabinendruck von 0,8 bar, entsprechend ca. 2000 m ü. M. Bei einfachen, kleinen Sportflugzeugen und Helikoptern besteht meist völliger Druckausgleich mit der entsprechenden Flughöhe. Eine Flugreise im Anschluß an einen Tauchgang stellt deshalb meist eine weitere Dekompression dar (Ausnahme Abflug vom Berggebiet ins Tiefland ohne wesentliche Überhöhung vom Startflugplatz). Mittels der Repetitiv-Gruppen kann die erlaubte Flughöhe bestimmt werden (Tabelle 17).

Tabelle 17. Bestimmung der Flughöhen durch Repetitiv-Gruppen

Repetitiv-Gruppe	J	H	G	F	E	D	B	A	„O"
Flughöhe bis	1000	1500	2000	2500	3500	4000	4500	5000	5000

Tauchen in Bergseen

Die Dekompressionstabellen 11, 12, 13 und 14 berücksichtigen den geringeren Luftdruck auf der Wasseroberfläche in Bergseen. Unsere Dekompressionstabellen für das Tauchen in Bergseen über 700 m ü. M.

sind deshalb in folgende Gültigkeitsbereich eingeteilt: 701–1500 m, 1501–2500 m und 2501–3500 m ü. M. Die Tabellen gelten sowohl für an die Höhe adaptierte als auch nicht adaptierte Taucher. Nach Erreichen des Bergsees kann deshalb der Tauchgang sofort begonnen werden. Nach einer Höhenadaption von mehr als 12 Stunden vor dem Tauchgang in Höhen über 1500 m können die Dekompressionstabellen der nächst niedrigeren Höhenstufe verwendet werden. (Ausnahme 701–1500 m!) Die entsprechenden Gewebspartialdrucke für Stickstoff nach 12stündiger Höhenadaptation zeigt Tabelle 10.

Außergewöhnliche Tauchgänge

Bezüglich Helium als Atemgas, Tiefe, Aufenthaltszeiten und Höhenlagen kann man sich mit dem Druckkammerlabor des Departments für Innere Medizin im Kantonsspital Zürich in Verbindung setzen (Telefon und Adresse s. Druckkammerverzeichnis).

Dekompressionstabellen

Es gibt zahlreiche Dekompressionstabellen mit verschiedenen Nullzeiten und Austauchstufen für einfache und wiederholte Tauchgänge. Bewährt haben sich die amerikanischen Austauchtabellen (US Navy Diving Manual), die englischen (Royal Navy Diving Manual) und die französischen (du Groupe d'études et de recherches sous marine de la Marine Nationale) für das Tauchen im Meer.

Unsere Dekompressionszeiten sind länger als die der französischen Marine und für ganz kurze sowie für sehr lange Tauchgänge auch etwas länger als die der amerikanischen Marine, mit denen sie sonst über einen großen, besonders den Sporttaucher interessierenden Bereich übereinstimmen. Die hier wiedergegebenen Tabellen gelten im Gegensatz zu den erwähnten nicht nur für Meereshöhe, sondern bis 3500 m ü. M.

In Bergseen ist die Benutzung der gleichen Dekompressionstabellen wie für das Tauchen im Meer nicht statthaft. Trotzdem wird oft – nach den Angaben der französischen Marine (La Plongée) – die geplante Tauchtiefe mit dem Quotienten aus dem Barometerdruck auf Meereshöhe (760 mm Hg) dividiert durch den Barometerdruck des Tauchortes, multipliziert. Die so festgestellte, also stets größere fiktive Tauchtiefe ist dann für die einzuhaltenden Null- und Auftauchzeiten in der wirklichen oder effektiven Tauchtiefe des jeweiligen Bergsees maßgebend. Dieses Vorgehen ist theoretisch nicht ganz richtig. Es kommt nicht auf den Gesamtdruckquotienten, sondern neben anderem auch auf den Inertgasteildruckquotienten an. Wir haben beim Tauchen im rund 1800 m über dem Meeresspiegel gelegenen Silsersee im Engadin in einer Tiefe von 40 m Unfälle mit schweren Nervensystemsymptomen gesehen und können dieses Vorgehen daher nicht empfehlen.

Es bestehen keine international verbindlichen Regeln für das Testen von Dekompressionstabellen. Das Vertrauen in die zur Verfügung stehenden Tabellen für Lufttauchgänge stützt sich auf den Ruf der sie empfehlenden Institutionen wie z. B. US-Navy oder Royal Navy. Die bei Sporttauchern z. T. beliebten alten Tabellen der Französischen Marine (GERS) geben teilweise etwas kürzere, teilweise aber auch etwas längere Dekompressionszeiten als die Standard-Luftdekompressionstabellen der US-Navy. Alle diese Tabellen berücksichtigen die Ergebnisse von Überdruckexperimenten und die Erfahrung mit realen

Tauchgängen. Bei den Tabellen werden die experimentell festgestellten Toleranzen durch Berücksichtigung zusätzlicher „Sicherheitsfaktoren" nicht voll beansprucht. Es existieren jedoch auch für diese Sicherheitszuschläge keine allgemein anerkannten Regeln. Man ist sich aber darüber einig, daß derartige Standardtabellen nur für gesunde Taucher gültig sind. Insbesondere bei Durchblutungsstörungen können auch beim Gebrauch gut gesicherter Dekompressionstabellen Symptome einer ungenügenden Dekompression auftreten.

Dekompressionstabellen* des Druckkammerlaboratoriums Zürich für Luftatmung (Tabellen 11–16)

Die folgenden Dekompressionstabellen basieren auf den im Druckkammerlaboratorium der Medizinischen Universitätsklinik Zürich unter Leitung von Prof. A.A. BÜHLMANN seit 1960 gesammelten Erfahrungen mit in Druckkammern simulierten und realen, im Wasser durchgeführten Tauchgängen. Die Berechnungen berücksichtigen ein Halbzeit-Spektrum für den Stickstoff von 5–635 min. Die angegebenen Dekompressionen und Repetitiv-Tabellen sind aufeinander genau abgestimmt. Das vorliegende Repetitiv-System hat für andere Dekompressionstabellen keine Gültigkeit.

Tabelle 11. Luftdekompressionstabelle (0–700 m ü. M.)

Tiefe m	Grundzeit min	Aufstieg zum 1. Halt min:s	Haltezeiten m min								Gesamtaufstiegszeit min:s	Repetitivgruppe
			24	21	18	15	12	9	6	3		
9	300										1 0	H
12	120										1 10	G
	150	0 50							9		9 50	G
	180	0 50							14		14 50	H
	210	0 50							18		18 50	H
	240	0 50							24		24 50	J
	270	0 50							29		29 50	K
	300	0 50							34		34 50	K
15	75										1 30	G
	90	1 10							6		7 10	G
	120	1 10							20		21 10	G
	140	1 10							25		26 10	H
	160	1 10							31		32 10	H
	180	1 10							38		39 10	H
	200	0 50							2 43		45 50	J
	220	0 50							5 46		51 50	K
	240	0 50							6 49		55 50	K

* Entnommen aus: Bühlmann, A.A.: Dekompression – Dekompressionskrankheit. Berlin Heidelberg New York Tokyo: Springer 1983

Tabelle 11 (Fortsetzung)

Tiefe m	Grund-zeit min	Aufstieg zum 1. Halt min : s		Haltezeiten m min								Gesamtauf-stiegszeit min : s		Repe-titiv-gruppe
				24	21	18	15	12	9	6	3			
18	53											1	50	F
	60	1	30								4	5	30	F
	70	1	30								9	10	30	G
	80	1	30								16	17	30	G
	90	1	30								23	24	30	G
	100	1	30								28	29	30	G
	110	1	10							1	31	33	10	H
	120	1	10							3	33	37	10	H
	130	1	10							7	35	43	10	H
	140	1	10							10	38	49	10	H
	150	1	10							13	41	55	10	J
	160	1	10							15	44	60	10	J
	170	1	10							17	46	64	10	K
	180	1	10							19	48	68	10	K
	190	1	10							20	50	71	10	K
	200	1	10							21	52	74	10	K
21	35											2	10	E
	50	1	50								6	7	50	F
	60	1	50								13	14	50	G
	70	1	50								23	24	50	G
	80	1	30							3	28	32	30	G
	90	1	30							7	31	39	30	H
	100	1	30							10	33	44	30	H
	110	1	30							15	36	52	30	H
	120	1	30							20	39	60	30	J
	130	1	30							23	43	67	30	J
	140	1	30							26	46	73	30	K
	150	1	30							29	48	78	30	K
	160	1	10						2	29	51	83	10	L
	170	1	10						5	30	52	88	10	L
	180	1	10						7	33	73	114	10	L
24	25											2	30	E
	40	2	10								6	8	10	F
	50	2	10								15	17	10	G
	60	1	50							3	23	27	50	G
	70	1	50							8	29	38	50	G
	80	1	50							13	32	46	50	H
	90	1	50							18	33	52	50	H
	100	1	30						1	24	38	64	30	H
	110	1	30						4	26	43	74	30	J
	120	1	30						6	29	46	82	30	J
	130	1	30						10	29	49	89	30	K
	140	1	30						13	30	52	96	30	L
	150	1	30						16	33	61	111	30	L
	160	1	30						18	36	94	149	30	L

Tabelle 11 (Fortsetzung). Luftdekompressionstabelle (0–700 m ü. M.)

Tiefe m	Grundzeit min	Aufstieg zum 1. Halt min : s	Haltezeiten m min 24	21	18	15	12	9	6	3	Gesamtaufstiegszeit min : s		Repetitivgruppe
27	22										2	40	E
	30	2 20								4	6	20	F
	40	2 10							1	12	15	10	F
	50	2 10							4	22	28	10	G
	60	2 10							10	28	40	10	G
	70	1 50						1	16	32	50	50	H
	80	1 50						4	21	34	60	50	H
	90	1 50						8	25	39	73	50	H
	100	1 50						11	28	44	84	50	J
	110	1 50						15	29	49	94	50	K
	120	1 50						19	30	52	102	50	L
	130	1 30					1	23	33	55	113	30	L
	140	1 30					3	24	38	94	160	30	L
30	20										3	0	D
	25	2 40								4	6	40	E
	30	2 20							2	6	10	20	F
	40	2 20							5	16	23	20	G
	50	2 10						1	10	26	39	10	G
	60	2 10						3	16	31	52	10	H
	70	2 10						7	21	34	64	10	H
	80	2 10						12	25	40	79	10	J
	90	1 50					1	15	29	45	91	50	J
	100	1 50					4	19	29	50	103	50	K
	110	1 50					6	23	32	51	113	50	L
	120	1 50					9	24	37	79	150	50	L
33	17										3	20	D
	25	2 40							2	6	10	40	F
	30	2 40							4	10	16	40	F
	40	2 20						2	7	22	33	20	G
	50	2 20						4	14	30	50	20	G
	60	2 20						8	20	33	63	20	H
	70	2 10					2	13	25	39	81	10	J
	80	2 10					4	16	29	45	96	10	K
	90	2 10					8	20	29	51	110	10	K
	100	2 10					12	23	33	53	123	10	L
	110	2 10					14	26	38	95	175	10	L
36	15										3	40	D
	20	3 0							2	4	9	0	E
	25	3 0							4	7	14	0	F
	30	2 40						2	5	14	23	40	G
	40	2 40						4	10	26	42	40	G
	50	2 20					1	8	16	33	60	20	H
	60	2 20					4	12	23	37	78	20	H
	70	2 20					7	15	28	44	96	20	K
	80	2 20					12	19	29	50	112	20	K

Tabelle 11 (Fortsetzung)

Tiefe m	Grund-zeit min	Aufstieg zum 1. Halt min : s		Haltezeiten m min							Gesamtauf-stiegszeit min : s		Repe-titiv-gruppe
				24	21	18	15	12	9	6	3			
	90	2	10				2	14	24	33	53	128	10	L
	100	2	10				5	16	26	39	102	190	10	L
39	12											3	50	D
	15	3	40								4	7	40	E
	20	3	20							3	6	12	20	F
	25	3	0						2	4	11	20	0	G
	30	3	0						3	6	17	29	0	G
	40	2	40					2	6	13	29	52	40	G
	50	2	40					4	10	20	33	69	40	H
	60	2	20				1	7	15	27	41	93	20	J
	70	2	20				3	11	19	29	49	113	20	K
	80	2	20				5	14	23	33	52	129	20	L
	90	2	20				9	16	26	39	95	187	20	L
42	10											4	10	D
	15	3	40							2	4	9	40	E
	20	3	20						1	4	7	15	20	F
	25	3	20						3	5	14	25	20	G
	30	3	0					2	3	8	22	38	0	G
	40	2	40				1	3	8	16	31	61	40	G
	50	2	40				2	6	13	24	37	84	40	H
	60	2	40				4	9	17	29	46	107	40	K
	70	2	40				7	13	22	31	51	126	40	K
	80	2	20			2	10	15	26	38	84	177	20	L
45	10	4	10								2	6	10	E
	15	3	50							3	5	11	50	E
	20	3	40						3	4	10	20	40	F
	25	3	20					2	3	6	17	31	20	G
	30	3	20					3	5	10	25	46	20	G
	40	3	0				2	5	9	18	34	71	0	H
	50	3	0				5	7	15	27	41	98	0	K
	60	2	40			2	6	12	20	29	50	121	40	K
	70	2	40			3	10	14	25	35	57	146	40	L
	80	2	40			6	12	19	26	42	130	237	40	L
48	10	4	30								4	8	30	E
	15	3	50						1	4	5	13	50	F
	20	3	40					1	3	5	13	25	40	F
	25	3	40					3	4	8	21	39	40	G
	30	3	20				2	3	6	13	28	55	20	G
	35	3	20				3	4	8	17	32	67	20	H
	40	3	0			1	3	6	12	22	34	81	0	H
	50	3	0			2	6	9	16	29	45	110	0	K
	60	3	0			4	8	14	23	31	52	135	0	K
	70	2	40		1	7	11	17	26	40	100	204	40	L

Tabelle 11 (Fortsetzung). Luftdekompressionstabelle (0–700 m ü. M.)

Tiefe m	Grundzeit min	Aufstieg zum 1. Halt min : s	Haltezeiten m min							Gesamtaufstiegszeit min : s		Repetitivgruppe
			24	21	18	15	12	9	6	3		
51	10	4 30							1	4	9	30	E
	15	4 10						2	4	7	17	10	F
	20	3 50						2	4	5	15	29	50	G
	25	3 40					1	4	5	9	25	47	40	G
	30	3 40					3	4	7	15	30	62	40	G
	35	3 20				1	4	5	10	20	33	76	20	H
	40	3 20				2	5	7	13	25	38	93	20	J
	50	3 0			1	4	7	12	19	29	49	124	0	K
	60	3 0			2	6	10	15	25	36	60	157	0	L
	65	3 0			3	7	12	17	26	40	106	214	0	L
54	10	4 50							2	5	11	50	E
	15	4 30						3	4	8	19	30	F
	20	4 10						3	4	6	18	35	10	G
	25	3 50					3	3	6	12	27	54	50	G
	30	3 40				2	3	5	8	17	32	70	40	G
	35	3 40				3	4	6	12	23	35	86	40	J
	40	3 20			1	3	5	9	15	27	41	104	20	K
	50	3 20			2	5	8	14	22	29	52	135	20	K
	60	3 20			5	7	12	17	26	39	103	212	20	L
57	10	5 10							3	5	13	10	E
	15	4 30						1	4	4	11	24	30	F
	20	4 10						2	3	4	8	22	43	10	G
	25	3 50					1	3	4	6	15	29	61	50	G
	30	3 50					3	3	6	9	20	33	77	50	H
	35	3 40				2	3	4	8	14	25	39	98	40	K
	40	3 40				3	3	6	10	16	29	45	115	40	K
	50	3 20		1	4	6	9	15	24	34	52	148	20	K
	55	3 20		2	5	7	11	17	26	39	95	205	20	L
60	10	5 10						1	4	5	15	10	E
	15	4 50						2	4	5	13	28	50	F
	20	4 30					3	3	5	9	25	49	30	G
	25	4 10					2	4	4	8	16	31	69	10	H
	30	3 50				2	3	4	6	12	22	35	88	50	J
	35	3 50				3	3	6	8	16	27	42	108	50	K
	40	3 40			1	3	5	7	12	19	29	48	127	40	K
	45	3 40			2	4	5	9	14	23	32	52	144	40	L
	50	3 40			3	4	7	11	16	26	37	82	189	40	L
	55	3 40			4	5	8	14	19	26	42	133	254	40	L
63	10	5 20						2	4	6	17	20	F
	15	4 50					1	3	4	6	15	33	50	G
	20	4 30				1	3	4	6	11	27	56	30	G
	25	4 10			1	3	3	6	8	18	33	76	10	H
	30	4 10			3	3	5	7	14	24	38	98	10	J
	35	3 50		2	3	4	6	10	16	29	46	119	50	K
	40	3 50		3	3	5	8	13	22	29	51	137	50	L
	45	3 50		4	4	7	10	15	25	35	56	159	50	L
	50	3 40	2	4	5	8	13	18	26	41	114	234	40	L

Tabelle 12. Luftdekompressionstabelle (701–1 500 m ü. M.)

Tiefe m	Grund- zeit min	Aufstieg zum 1. Halt min : s		Haltezeiten m min							Gesamtauf- stiegszeit min : s		Repe- titiv- gruppe
				18	15	12	9	6	4	2			
9	180										1	0	G
12	90	1	0								1	10	G
	100	1	0							2	3	0	G
	110	1	0							6	7	0	G
	120	1	0							10	11	0	G
	130	1	0							13	14	0	G
	140	1	0							15	16	0	G
	150	1	0							17	18	0	H
15	63										1	30	F
	70	1	10							4	5	10	G
	80	1	10							9	10	10	G
	90	1	10							15	16	10	G
	100	1	10							20	21	10	G
	110	1	10							24	25	10	G
	120	1	10							27	28	10	H
18	43										1	50	F
	50	1	40							2	3	40	F
	60	1	40							9	10	40	G
	70	1	40							17	18	40	G
	80	1	40							24	25	40	G
	90	1	20						3	27	31	20	G
	100	1	20						5	30	36	20	H
	110	1	20						9	31	41	20	H
	120	1	20						13	33	47	20	H
21	30										2	10	E
	40	1	50							3	4	50	F
	50	1	50							11	12	50	G
	60	1	40						1	20	22	40	G
	70	1	40						5	25	31	40	G
	80	1	40						9	29	39	40	H
	90	1	40						14	30	45	40	H
	100	1	30					6	17	32	56	30	H
	110	1	30					6	19	36	62	30	H
24	25										2	20	E
	30	2	10							3	5	10	E
	35	2	10							5	7	10	F
	40	2	0						1	9	12	0	F
	50	2	0						3	18	23	0	G
	60	2	0						8	25	35	0	G
	70	1	50					2	12	29	44	50	H
	80	1	50					6	15	30	52	50	H
	90	1	50					10	18	34	63	50	H
	100	1	30				2	12	20	39	74	30	H

Tabelle 12 (Fortsetzung). Luftdekompressionstabelle (701–1500 m ü. M.)

Tiefe m	Grundzeit min	Aufstieg zum 1. Halt min : s	Haltezeiten m min							Gesamtaufstiegszeit min : s		Repetitivgruppe
			18	15	12	9	6	4	2			
27	18									2	20	E
	25	2 30							3	5	30	E
	30	2 20						1	5	8	20	F
	35	2 20						2	10	14	20	F
	40	2 20						3	14	19	20	G
	50	2 10					2	7	24	35	10	G
	60	2 10					5	11	29	47	10	G
	70	1 50				1	9	15	30	56	50	H
	80	1 50				4	11	19	35	70	50	H
	90	1 50				8	14	20	40	83	50	J
30	16									3	0	E
	20	2 50							3	5	50	E
	25	2 40						1	5	8	40	F
	30	2 40						3	8	13	40	F
	35	2 20					1	4	14	21	20	G
	40	2 20					2	6	19	29	20	G
	45	2 20					4	7	24	37	20	G
	50	2 10				1	5	10	27	45	10	G
	60	2 10				3	9	14	30	58	10	H
	70	2 10				7	11	19	35	74	10	H
	80	2 10				12	14	20	41	89	10	J
33	14									3	20	E
	20	2 50						1	4	7	50	E
	25	2 40					1	3	6	12	40	F
	30	2 40					2	4	12	20	40	G
	35	2 20				1	3	5	18	29	20	G
	40	2 20				2	4	7	24	39	20	G
	45	2 20				3	5	11	27	48	20	G
	50	2 20				4	7	12	30	55	20	H
	60	2 20				8	11	18	32	71	20	H
	70	2 10			2	13	14	20	40	91	10	J
36	11									3	40	D
	15	3 20							4	7	20	E
	20	3 10						3	5	11	10	F
	25	3 0					2	3	10	18	0	G
	30	2 40				2	3	4	16	27	40	G
	35	2 40				3	4	6	23	38	40	G
	40	2 40				4	5	11	26	48	40	G
	45	2 20			1	5	8	12	30	58	20	H
	50	2 20			1	8	10	15	30	66	20	H
	60	2 20			4	12	12	20	38	88	20	J
39	10									3	50	D
	15	3 30						1	4	8	30	E
	20	3 20					2	3	6	14	20	F
	25	3 0				2	3	3	13	24	0	G

Tabelle 12 (Fortsetzung). Luftdekompressionstabelle (701–1 500) m ü. M.)

Tiefe m	Grund- zeit min	Aufstieg zum 1. Halt min : s	Haltezeiten m min							Gesamtauf- stiegszeit min : s		Repe- titiv- gruppe
			18	15	12	9	6	4	2			
	30	3 0				3	4	6	20	36	0	G
	35	2 40			1	4	5	10	25	47	40	G
	40	2 40			2	6	6	12	30	58	40	H
	45	2 40			3	8	9	15	31	68	40	H
	50	2 40			5	9	11	18	34	79	40	H
	55	2 40			6	12	13	18	40	91	40	J
42	15	3 50						3	4	10	50	F
	20	3 20					1	3	3	8	18	20	G
	25	3 20					3	3	5	16	30	20	G
	30	3 0				2	4	4	8	24	45	0	G
	35	3 0				3	5	6	12	28	57	0	H
	40	2 40		1	3	8	9	14	30	67	40	H
	45	2 40		1	5	9	12	17	33	79	40	H
	50	2 40		2	6	13	14	20	38	95	40	J
45	10	4 20							3	7	20	D
	15	3 50					2	3	4	12	50	F
	20	3 40				3	3	4	12	25	40	F
	25	3 20				2	3	4	6	20	38	20	G
	30	3 20				3	5	5	10	27	53	20	G
	35	3 0		1	4	6	9	12	30	65	0	H
	40	3 0		2	5	9	11	16	31	77	0	H
	45	3 0		3	6	12	12	20	37	93	0	J
48	10	4 20						1	4	9	20	D
	15	3 50				1	2	3	6	15	50	F
	20	3 40			1	3	3	4	15	29	40	G
	25	3 40			3	4	4	8	23	45	40	G
	30	3 20		2	3	6	6	12	29	61	20	H
	35	3 20		3	4	8	10	15	31	74	20	H
	40	3 0	1	3	6	11	12	19	35	90	0	J
	45	3 0	2	4	8	14	15	20	41	107	0	J
51	10	4 40						2	4	10	40	E
	15	4 10					2	3	7	19	10	G
	20	3 50			2	4	4	5	17	35	50	G
	25	3 40		1	4	5	5	9	26	53	40	H
	30	3 40		3	4	7	8	13	30	68	40	H
	35	3 20	1	4	5	10	11	18	32	84	20	H
	40	3 20	2	5	7	13	14	19	39	102	20	J
54	10	4 50					1	3	4	12	50	E
	15	4 30				3	3	3	10	23	30	G
	20	4 10			3	4	4	6	21	42	10	G
	25	3 50		3	3	6	6	11	28	60	50	H
	30	3 40	2	3	5	8	10	15	31	77	40	H
	35	3 40	3	4	6	12	12	20	36	96	40	J

Tabelle 13. Luftdekompressionstabelle (1501–2500 m ü. M.)

Tiefe m	Grund-zeit min	Aufstieg zum 1. Halt min : s		Haltezeiten m min						Gesamtauf-stiegszeit min : s		Repe-titiv-gruppe
				18	15	12	9	6	4	2		
9	135										1	0	G
12	82										1	10	G
	90	1	0							2	3	0	G
	100	1	0							7	8	0	G
	110	1	0							11	12	0	G
	120	1	0							15	16	0	G
	130	1	0							18	19	0	H
	140	1	0							21	22	0	H
	150	1	0							23	24	0	H
15	55										1	30	G
	60	1	20							2	3	20	G
	70	1	20							7	8	20	G
	80	1	20							14	15	20	G
	90	1	20							20	21	20	G
	100	1	20							25	26	20	H
	110	1	20							29	30	20	H
	120	1	20							33	34	20	H
18	40										1	50	F
	50	1	40							5	6	40	G
	60	1	40							12	13	40	G
	70	1	40							22	23	40	G
	80	1	20						1	28	30	20	H
	90	1	20						4	32	37	20	H
	100	1	20						8	33	42	20	H
	110	1	20						14	35	50	20	H
	120	1	20						16	39	56	20	H
21	30										2	10	E
	40	1	50							5	6	50	G
	50	1	50							14	15	50	G
	60	1	40						2	24	27	40	G
	70	1	40						7	29	37	40	G
	80	1	40						11	32	44	40	H
	90	1	30					2	15	34	52	30	H
	100	1	30					5	18	38	62	30	H
	110	1	30					7	21	42	71	30	J
24	23										2	20	E
	30	2	10							4	6	10	F
	35	2	10							7	9	10	G
	40	2	0						1	12	15	0	G
	50	2	0						4	22	28	0	G
	60	1	50					1	9	29	40	50	H
	70	1	50					3	13	33	50	50	H
	80	1	50					8	16	35	60	50	H
	90	1	50					11	20	40	72	50	J
	100	1	30				3	14	21	45	84	30	K

Tabelle 13 (Fortsetzung)

Tiefe m	Grund-zeit min	Aufstieg zum 1. Halt min : s		Haltezeiten m min							Gesamtauf-stiegszeit min : s		Repe-titiv-gruppe
				18	15	12	9	6	4	2			
27	17										2	40	D
	25	2	30							4	6	30	F
	30	2	20						1	7	10	20	G
	35	2	20						2	13	17	20	G
	40	2	10					1	4	17	24	10	G
	50	2	10					3	8	27	40	10	H
	60	2	10					6	12	33	53	10	H
	70	1	50				2	10	16	35	64	50	H
	80	1	50				5	12	20	41	79	50	J
	90	1	50				9	15	21	46	92	50	K
30	15										3	0	D
	20	2	50							4	6	50	E
	25	2	40						2	5	9	40	F
	30	2	20					1	3	11	17	20	G
	35	2	20					2	4	17	25	20	G
	40	2	20					3	6	23	34	20	G
	45	2	10				1	4	9	28	44	10	H
	50	2	10				2	5	12	31	52	10	H
	60	2	10				4	10	15	34	65	10	H
	70	2	10				9	12	20	40	83	10	J
33	12										3	20	D
	15	3	10							3	6	10	D
	20	2	50						2	4	8	50	F
	25	2	40					1	3	8	14	40	G
	30	2	40					3	3	15	23	40	G
	35	2	20				1	3	6	23	35	20	G
	40	2	20				2	5	8	28	45	20	H
	45	2	20				4	6	11	31	54	20	H
	50	2	20				5	8	13	34	62	20	H
	60	2	10			1	9	12	19	38	81	10	J
36	10										3	40	D
	15	3	20							4	7	20	E
	20	3	10						4	5	12	10	F
	25	3	0					3	3	12	21	0	G
	30	2	40				2	3	5	20	32	40	G
	35	2	40				3	5	7	27	44	40	G
	40	2	20			1	4	6	11	31	55	20	H
	45	2	20			1	6	8	14	33	64	20	H
	50	2	20			2	8	11	16	35	74	20	H
	60	2	20			4	14	14	20	43	97	20	J
39	9										3	50	D
	15	3	30						2	4	9	30	E
	20	3	20					2	3	8	16	20	G
	25	3	0				2	3	4	16	28	0	G
	30	3	0				4	4	6	25	42	0	G

Tabelle 13 (Fortsetzung). Luftdekompressionstabelle (1 501–2 500 m ü. M.)

Tiefe m	Grund-zeit min	Aufstieg zum 1. Halt min : s		Haltezeiten m min						Gesamtauf-stiegszeit min : s		Repe-titiv-gruppe
				18	15	12	9	6	4	2		
	35	2	40			2	4	6	10	30	54	40	H
	40	2	40			3	6	7	13	33	64	40	H
	45	2	40			4	8	10	17	34	75	40	H
	50	2	40			5	11	12	19	40	89	40	J
42	10	4	0							3	7	0	D
	15	3	40					1	3	4	11	40	F
	20	3	20				1	3	3	11	25	20	G
	25	3	20				4	4	5	20	36	20	G
	30	3	0			2	4	5	9	28	51	0	G
	35	3	0			3	6	7	12	32	63	0	H
	40	2	40		1	4	8	10	16	33	74	40	H
	45	2	40		2	5	10	12	19	39	89	40	H
	50	2	40		2	7	14	14	20	44	103	40	J
45	10	4	20							4	8	20	D
	15	3	50					2	3	5	13	50	F
	20	3	40				3	3	4	14	27	40	G
	25	3	20			2	4	4	6	25	44	20	G
	30	3	20			4	5	6	11	30	59	20	H
	35	3	0		2	4	7	9	14	33	72	0	H
	40	3	0		3	5	9	12	18	37	87	0	J
48	10	4	20						1	4	9	20	E
	15	3	50				1	3	3	7	17	50	G
	20	3	40			1	3	4	4	18	33	40	G
	25	3	40			3	4	5	9	27	51	40	H
	30	3	20		2	4	6	7	13	32	67	20	H
	35	3	20		3	5	9	10	17	34	81	20	H
	40	3	0	1	4	6	12	13	20	41	100	0	J
51	10	4	40						3	4	11	40	E
	15	4	10				2	3	3	10	22	10	G
	20	3	50			2	4	4	5	22	40	50	G
	25	3	40		2	3	5	6	11	29	59	40	H
	30	3	40		3	5	7	9	14	34	75	40	H
	35	3	20	2	3	6	11	11	20	38	94	20	H
	40	3	20	3	4	8	14	15	21	44	112	20	J
54	10	4	50					1	3	4	12	50	F
	15	4	30				3	4	4	13	28	30	G
	20	3	50		1	3	4	4	7	25	47	50	G
	25	3	50		3	4	6	6	13	31	66	50	H
	30	3	40	2	3	5	9	11	16	34	83	40	H
	35	3	40	3	4	7	13	13	20	42	105	40	J

Tabelle 14. Luftdekompressionstabelle (2 501–3 500 m ü. M.)

Tiefe m	Grund-zeit min	Aufstieg zum 1. Halt min : s	Haltezeiten m min							Gesamtauf-stiegszeit min : s		Repe-titiv-gruppe
			18	15	12	9	6	4	2			
9	125									1	0	G
12	76									1	10	G
	90	1	0							5	6	0	G
	100	1	0							10	11	0	G
	110	1	0							15	16	0	G
	120	1	0							18	19	0	H
	130	1	0							21	22	0	H
	140	1	0							24	25	0	H
	150	1	0							26	27	0	H
15	55										1	30	G
	60	1	20							4	5	20	G
	70	1	20							10	11	20	G
	80	1	20							18	19	20	G
	90	1	20							24	25	20	G
	100	1	20							29	30	20	H
	110	1	20							33	34	20	H
	120	1	10						3	34	38	10	H
18	38										1	50	F
	50	1	40							7	8	40	G
	60	1	40							16	17	40	G
	70	1	40							25	26	40	G
	80	1	20						3	30	34	20	H
	90	1	20						7	33	41	20	H
	100	1	20						12	33	46	20	H
	110	1	20						16	37	54	20	J
	120	1	10					1	20	40	62	10	J
21	25										2	10	F
	40	1	50							7	8	50	G
	50	1	50							18	19	50	G
	60	1	40						3	27	31	40	G
	70	1	40						9	31	41	40	H
	80	1	40						14	34	49	40	H
	90	1	30					4	17	36	58	30	H
	100	1	30					7	20	41	69	30	J
24	20										2	20	E
	25	2	10							3	5	10	E
	30	2	10							5	7	10	F
	35	2	0						1	9	12	0	G
	40	2	0						2	14	18	0	G
	50	2	0						5	25	32	0	G
	60	1	50					2	11	30	44	50	H
	70	1	50					5	15	33	54	50	H
	80	1	50					10	18	37	66	50	J
	90	1	30				1	13	21	43	79	30	J

Tabelle 14 (Fortsetzung). Luftdekompressionstabelle (2 501–3 500 m ü. M.)

Tiefe m	Grund-zeit min	Aufstieg zum 1. Halt min : s	Haltezeiten m min							Gesamtauf-stiegszeit min : s		Repe-titiv-gruppe
			18	15	12	9	6	4	2			
27	17									2	40	E
	20	2 30							3	5	30	E
	25	2 30							5	7	30	F
	30	2 20						2	8	12	20	G
	35	2 20						3	14	19	20	G
	40	2 10					1	4	21	28	10	G
	45	2 10					2	7	26	37	10	G
	50	2 10					3	10	29	44	10	H
	60	1 50				1	7	14	34	57	50	H
	70	1 50				3	12	18	37	71	50	J
	80	1 50				8	13	22	43	87	50	J
30	15									3	0	D
	20	2 50							5	7	50	E
	25	2 40						2	7	11	40	G
	30	2 20					1	3	13	19	20	G
	35	2 20					2	5	20	29	20	G
	40	2 10				1	3	7	26	39	10	G
	45	2 10				1	5	10	30	48	10	H
	50	2 10				3	6	13	32	56	10	H
	60	2 10				6	11	17	36	72	10	H
	70	2 10				11	13	22	43	91	10	J
33	12									3	20	D
	15	3 10							3	6	10	E
	20	2 50						2	5	9	50	F
	25	2 40					2	3	10	17	40	G
	30	2 20				1	3	4	17	27	20	G
	35	2 20				2	4	6	25	39	20	G
	40	2 20				3	5	10	30	50	20	H
	45	2 20				5	6	13	33	59	20	H
	50	2 20				6	10	15	34	67	20	H
	60	2 10			2	11	12	21	41	89	10	J
36	10									3	40	D
	15	3 10						1	4	8	10	E
	20	3 0					1	3	6	13	0	G
	25	2 40				1	3	3	14	23	40	G
	30	2 40				3	3	6	23	37	40	G
	35	2 40				4	5	9	29	49	40	H
	40	2 20			1	5	7	12	33	60	20	H
	45	2 20			2	7	9	16	34	70	20	H
	50	2 20			3	9	12	19	37	82	20	H
39	8									3	50	D
	10	3 40							2	5	40	D
	15	3 30						2	5	10	30	F
	20	3 20					3	3	9	18	20	G
	25	3 0				3	3	4	19	32	0	G

Tabelle 14 (Fortsetzung)

Tiefe m	Grund-zeit min	Aufstieg zum 1. Halt min : s		Haltezeiten m min							Gesamtauf-stiegszeit min : s		Repe-titiv-gruppe
				18	15	12	9	6	4	2			
	30	2	40				1	4	4	8	27	46	40	G
	35	2	40				2	5	6	12	31	58	40	H
	40	2	40				3	7	9	15	33	69	40	H
	45	2	40				5	8	12	19	36	82	40	H
	50	2	20			1	5	13	13	21	42	97	20	J
42	10	4	0								3	7	0	D
	15	3	40						1	3	5	12	40	F
	20	3	20					2	3	3	13	24	20	G
	25	3	0				1	4	4	6	23	41	0	G
	30	3	0				3	4	5	11	30	56	0	H
	35	3	0				4	6	8	13	34	68	0	H
	40	2	40			1	5	9	11	18	35	81	40	H
	45	2	40			2	6	12	12	22	41	97	40	J
45	10	4	10							1	4	9	10	D
	15	3	50						3	3	6	15	50	F
	20	3	40					3	4	4	16	30	40	G
	25	3	20				2	4	5	8	26	48	20	G
	30	3	0			1	4	5	7	12	32	64	0	H
	35	3	0			2	4	8	10	17	33	77	0	H
	40	3	0			3	6	11	12	21	39	95	0	J
48	10	4	20							2	4	10	20	E
	15	3	50					2	3	3	9	20	50	G
	20	3	40				1	4	4	6	20	38	40	G
	25	3	20			1	3	5	5	10	30	57	20	H
	30	3	20			2	4	7	8	14	34	72	20	H
	35	3	0	1		3	5	10	12	19	37	90	0	H
	40	3	0	2		4	7	14	14	21	44	109	0	J
51	10	4	40							3	4	11	40	F
	15	4	10						3	3	4	12	26	10	G
	20	3	50					3	4	4	6	25	45	50	G
	25	3	40				2	4	5	7	12	31	64	40	H
	30	3	20			1	3	5	8	11	16	34	81	20	H
	35	3	20			2	4	6	12	13	21	41	102	20	J
54	10	4	50						2	3	4	13	50	F
	15	4	10					1	4	4	14	31	10	G
	20	3	50			1	4	4	5	8	27	52	50	G
	25	3	50			4	4	6	8	13	33	71	50	H
	30	3	40	2		4	5	10	12	19	37	92	40	H

Tabelle 15. Oberflächenintervalltabelle

Repetitivgruppe am Ende des Oberflächenintervalls

L	K	J	H	G	F	E	D	C	B	A	„0"
L	160	240	300	400	530	600	700	800	1000	1200	48
	K	120	150	210	270	330	420	480	560	660	34
		J	45	70	90	120	160	210	300	420	24
			H	30	45	60	90	150	180	260	17
				G	25	45	60	75	100	130	12
					F	20	30	45	75	90	8
						E	10	15	25	45	4
							D	10	15	30	3
								C	10	25	3
									B	20	2
										A	2

(Repetitivgruppe zu Beginn des Oberflächenintervalls)

Intervallzeiten in Minuten, für Gruppe „0" in Stunden. Diese Tabelle gilt für 0−3500 m ü.M.

Tabelle 16. Zeitzuschlagtabelle für Repetitivtauchgänge

Repetitivgruppe	Tauchtiefe des Repetitivtauchganges (m)																
	9	12	15	18	21	24	27	30	33	36	39	42	45	48	51	54	57	60
L	450	300	240	180	160	140	120	110	100	90	80	75	75	65	60	60	55	50
K	430	270	200	150	100	100	90	75	70	65	55	55	50	50	45	40	40	40
J	410	220	150	100	80	75	70	60	55	50	40	40	40	40	35	35	30	30
H	300	150	100	90	75	60	55	50	50	45	35	35	30	25	25	25	20	20
G	145	115	80	65	55	45	40	35	30	25	25	23	23	20	20	18	15	15
F	115	100	75	60	50	40	35	30	25	23	20	18	17	16	15	14	13	12
E	90	75	45	40	35	30	25	23	22	20	18	16	14	12	11	10	10	10
D	70	50	35	30	25	23	20	18	17	16	15	14	12	10	9	8	7	6
C	45	30	25	20	20	20	18	16	14	12	10	10	9	8	7	7	6	5
B	30	25	20	18	15	12	10	10	9	8	7	7	6	6	5	5	5	5
A	20	18	15	14	12	10	9	7	6	6	6	6	5	5	5	5	5	5

Die Zeitzuschläge gelten für 0−3500 m ü.M.

Druckkammerverzeichnis
für Deutschland und die Schweiz

Es ist unbedingt zu empfehlen, sich über die entsprechenden Rettungsmöglichkeiten stets an Ort und Stelle zu informieren und Unfälle baldmöglichst telephonisch voranzumelden. Für die Schweiz und evtl. auch vom Ausland her ist zu empfehlen, bei schnellen Transportmöglichkeiten in der mobilen Überdruckkammer sich direkt mit Zürich in Verbindung zu setzen. Dort bestehen wohl die größten Erfahrungen und Möglichkeiten, Tauchunfälle mit Erfolg zu behandeln.

Standort	Technische Daten	Besondere Einrichtungen	Bemerkungen
Baden Württemberg			
Landesfeuerwehrschule Baden-Württemberg Steinackerstraße 47 7520 Bruchsal Telefon: 07251 / 16066 – 77(48)	zul. Betriebsüberdruck: 5 bar Raumgröße: 0,350 m³ Ausstattung: 1 Liegeplatz	Transportable Druckkammer Fa. Dräger ankuppelbar an Dräger Druckkammern, Hubschraubertransport mit Heisgeschirr möglich, Huckepack Druckluft und	Einsatzfähig von Montag–Freitag 8⁰⁰–17⁰⁰ Uhr
Wasserschutzpolizei-Revier Heilbronn Böckinger Straße 111 7100 Heilbronn-Neckargartach Telefon: 07131 / 41252	zul. Betriebsüberdruck: 5 bar Raumgröße 0,35 m³ Ausstattung: 1 Liegeplatz	Wechselsprechanlage Transportable Einmann-Taucherdruckkammer. Kann mit Hubschrauber transportiert werden.	Ständig einsatzbereit Anforderung auch über WSP Direktion L 6, 10–12 6800 Mannheim 1 Telefon: 0621 / 174 – 3760
Klee KG Bauunternehmung GmbH & Co Brückenstraße 5 6804 Ilvesheim Telefon: 0621 / 4706 – 0	zul. Betriebsüberdruck: 5,5 bar Raumgröße: 8,7 m³ Vorkammer 3,0 m³ Ausstattung: 1 Liegeplatz	Medikamentenschleuse Behandlungsmöglichkeit in der Kammer Sauerstoffatmung Gegensprechanlage Personenschleuse Telefon	
Klee KG Bauunternehmung GmbH & Co Brückenstraße 5 6804 Ilvesheim Telefon: 0621 / 4706 – 0	zul. Betriebsüberdruck: 3 bar Raumgröße: 11,5 m³ Vorkammer: 7,0 m³ Ausstattung: 4 Sitzplätze	Personenschleuse mit Vorkammer Telefon	Es handelt sich um eine kombinierte Personen- und Materialschleuse der Firma Deutsche Gerätebau GmbH, Salzkotten

Wasserschutzpolizei-Revier Werfthallenstraße 41 6800 Mannheim 1 Telefon: 0621 / 22891	zul. Betriebsüberdruck: 5 bar Raumgröße: 0,35 m³ Ausstattung: 1 Liegeplatz	Gegensprechanlage Transportable Einmann-Druckkammer mit Anschlußflansch (Fa. Dräger). Kann mit Hubschrauber transportiert werden.	Ständig einsatzbereit. Anforderung auch über WSP-Direktion L 6, 10–12 6800 Mannheim 1 Telefon: 0621 / 174 – 3760
Wasserschutzpolizei-Revier Seestraße 33 a 7750 Konstanz Telefon: 209 – 343	zul. Betriebsüberdruck: 5 bar Raumgröße: 0,35 m³ Ausstattung: 1 Liegeplatz	Gegensprachanlage Transportable Einmann-Druckkammer mit Anschlußflansch (Fa. Dräger) Kann mit Hubschrauber transportiert werden.	
Bilfinger + Berger Bauaktiengesellschaft Hauptverwaltung Abt. MTA Karl-Reiß-Platz 1/5 6800 Mannheim 1	zul. Betriebsüberdruck: 5,5 bar Raumgröße: 11 m³ Vorkammer 5 m³ Ausstattung: 2 Sitzplätze 2 Liegeplätze Vorkammer: 4 Sitzplätze	Medikamentenschleuse Behandlungsmöglichkeit in der Kammer Sauerstoffbeatmung Gegensprechanlage Personenschleuse Telefon Anschlußflansch für transportable Rettungskammer	Wechselnde Einsatzorte, Standort über den Betreiber zu erfragen.
Bodensee Taucher GmbH Tauch- und Sprengunternehmung Schillerstr. 38 7996 Meckenbeuren Telefon: 07542 / 1456	zul. Betriebsüberdruck: 8 bar Raumgröße: 0,35 m³ Ausstattung: 1 Liegeplatz	Telefon, Wechselsprechanlage Transportable Einmann-Druckkammer mit Anschlußflansch (Fa. Dräger) Kann mit Hubschrauber transportiert werden.	Jederzeit einsatzbereit in Friedrichshafen, Am Seewald 35. Telefonische Voranmeldung auch über Wasserschutzpolizei Friedrichshafen (07541 / 24051) möglich.

Standort	Technische Daten	Besondere Einrichtungen	Bemerkungen
Deutsche Lebens-Rettungs-Gesellschaft Landesverband Württemberg e.V. Mühlhäuserstraße 305 7000 Stuttgart 50 (Hofen, am Max-Exth-See) Telefon: 0711 / 53 50 51	zul. Betriebsüberdruck: 8 bar Raumgröße: 0,35 m³ Ausstattung: 1 Liegeplatz	Telefon Transportable Einmann-Druckkammer mit Anschlußflansch (Fa. Dräger) Kann mit Hubschrauber transportiert werden.	Ständig einsatzbereit.
Berufsfeuerwehr Stuttgart Feuerwache 3 Mercedesstraße 35 7000 Stuttgart Telefon: 0711 / 5066 – 1 Notruf 112	Betriebsdruck: 5 bar Raumgröße: 0,73 m³ Ausstattung: 1 Liegeplatz 1 Sitzplatz Dräger DUOCOM	Medikamentenschleuse Behandlungsmöglichkeit in der Kammer Telefon	Tag und Nacht einsatzbereit
Krankenhaus Überlingen 7770 Überlingen Telefon: 07551 / 871 – 323	Betriebsdruck: 5,5 atü Raumgröße: 5,3 m³ Ausstattung: Hauptkammer 1 Liegeplatz 3 Sitzplätze Vorkammer 2 Sitzplätze	Personenschleuse Behandlungsmöglichkeit in der Kammer Sauerstoffbeatmungsanlage u. O₂-Meßgerät, Telefon Heizung	Betriebszeit: 24 Stunden Voranmeldung an das Krankenhaus unbedingt erforderlich. Verantwortung: medizinisch – Chefarzt Dr. van de Loo technisch – Vier Tauchlehrer des Badischen Tauchsportverbandes Ansprechpartner: Karl-Heinz Zorn Zur Schleie 5 7770 Überlingen Telefon: dienstlich: 07551 / 816860 privat: 07551 / 61190

Bundeswehrkrankenhaus Ulm Intensivstation Oberer Eselsberg 40 7900 Ulm/Donau Telefon: 0731 / 1711 – 2286	zul. Betriebsüberdruck: 5 bar Raumgröße: 0,35 m³ Ausstattung: 1 Liegeplatz	Transportable Einmann-Druckkammer mit Anschlußflansch (Fa. Dräger) Gegensprechanlage	Soweit ausgebildetes Personal vorhanden: während der Dienstzeit ständig einsatzbereit, außerhalb der Dienstzeit nach Voranmeldung (mit längerer Wartezeit muß gerechnet werden). Kann mit Hubschrauber transportiert werden.
Bundeswehrkrankenhaus Ulm Intensivstation Oberer Eselsberg 40 7900 Ulm/Donau Telefon: 0731 / 1711 – 2262 / 2286	zul. Betriebsüberdruck: 5,5 bar Raumgröße: Vorkammer 2,1 m³ Hauptkammer 4 m³ Ausstattung: Vorkammer 1 Sitzplatz Hauptkammer 1 Sitzplatz 1 Liegeplatz	Personenschleuse Medikamentenschleuse Behandlungsmöglichkeit in der Kammer Sauerstoffbeatmung Wechselsprechanlage Telefon	Soweit ausgebildetes Personal vorhanden: während der Dienstzeit ständig einsatzbereit, außerhalb der Dienstzeit nach Voranmeldung (mit längerer Wartezeit muß gerechnet werden). Anflanschring für Einmann-Druckkammer der Fa. Dräger

Bayern

5. Geb.PiBtl. 8 Karfreitkaserne Nußdorfer Straße 20 8204 Brannenburg Telefon: 08034 / 2064 – 3 58, 3 51	zul. Betriebsüberdruck: 5 bar Raumgröße: 0,35 m³ Ausstattung: 1 Liegeplatz	Telefon, Wechselsprechanlage Transportable Einmann-Druckkammer mit Anschlußflansch (Fa. Dräger) Kann mit Hubschrauber transportiert werden.	In der Dienstzeit einsatzbereit, soweit ausgebildetes Personal vorhanden. Außerhalb der Dienstzeit muß mit längerer Wartezeit gerechnet werden.

Standort	Technische Daten	Besondere Einrichtungen	Bemerkungen
Rhein-Main-Donau AG Kraftwerk Ellgau 8851 Ellgau/Lech Telefon: 08273 / 22 72	Betriebsdruck: 5 bar Raumgröße: 0,7 m^3 Ausstattung: 1 Liegeplatz 1 Sitzplatz	Medikamentenschleuse Behandlungsmöglichkeit in der Kammer Telefon, Wechselsprechanlage Huckepack-Druckluftversorgung Transportable Zweimann-Druckkammer mit Anschlußflansch (Fa. Dräger)	Die Kammer ist zu Lehrgangszeiten an anderen Orten eingesetzt. Ein Anruf gibt Auskunft über den jeweiligen Standort. Die Kammer ist an Wochenenden ab Freitag 13.00 Uhr nicht einsetzbar.
Flugmed. Institut der Luftwaffe Abt. II Fliegerhorst Marseillestraße Geb. 241 8080 Fürstenfeldbruck Telefon: 08141 / 9621 – 6501/6502 nach Dienstschluß: 6555	zul. Betriebsüberdruck: 10 bar Raumgröße: Hauptkammer 5,3 m^3 Vorkammer 3 m^3 1 Liegeplatz 2 Sitzplätze oder 4 Sitzplätze	Personenschleuse mit Vorkammer Medikamentenschleuse Behandlungsmöglichkeit in der Kammer (beschränkt) Sauerstoffbeatmung über Atemmasken Telefon	Kammer ist an Sonn- und Feiertagen, sowie an Wochenenden ab Freitag 14.00 Uhr und an Werktagen außerhalb der Dienstzeiten (16.30–07.30) nicht einsetzbar. Zuständig: Oberstarzt Dr. Amendt Anflanschring für die Einmann-Druckkammer der Fa. Dräger ist vorhanden.
5. Pionier-Bataillon 10 8070 Ingolstadt Manchinger Straße Block 6 Telefon: 0841 / 6061 – 231	zul. Betriebsüberdruck: 5 bar Raumgröße: 0,35 m^3 Ausstattung: 1 Liegeplatz	Telefon, Wechselsprechanlage Transportable Einmann-Taucherdruckkammer mit Anschlußflansch (Fa. Dräger). Kann mit Hubschrauber transportiert werden.	Während der Dienstzeit immer einsatzbereit.

1. Amphibisches-Pionier-Bataillon 230 Manchinger Straße Block 55 8070 Ingolstadt Telefon: 0841 / 6061 – 535	zul. Betriebsüberdruck: 5 bar Raumgröße: 0,35 m³ Ausstattung: 1 Liegeplatz	Telefon, Wechselsprechanlage Transportable Einmann-Druckkammer mit Anschlußflansch (Fa. Dräger). Kann mit Hubschrauber transportiert werden.	Während der Dienstzeit immer einsatzbereit. Außerhalb der Dienstzeit muß mit längerer Wartezeit gerechnet werden.
Donaukraftwerk Jochenstein AG Kraftwerk Jochenstein 8391 Untergriesbach Telefon: 08591 / 368	Betriebsdruck: 5 bar Raumgröße: 0,7 m³ Ausstattung: 1 Liegeplatz 1 Sitzplatz	Transportable Zweimann-Druckkammer mit Anschlußflansch (Fa. Dräger) Medikamentenschleuse Behandlungsmöglichkeit in der Kammer Sauerstoffbeatmung für beide Plätze Wechselsprechanlage Huckepack-Druckluftversorgung	Die Kammer ist fallweise an anderen Orten eingesetzt. Auskunft kann telefonisch gegeben werden. An Wochenende ab Freitag 15.30 Uhr muß mit längeren Wartezeiten gerechnet werden.
Rhein-Main-Donau AG Pumpspeicherwerk Langenprozelten 8780 Gemünden am Main Telefon: 09351 / 8432	zul. Betriebsüberdruck: 5 bar Raumgröße: 0,35 m³ Ausstattung: 1 Liegeplatz	Telefon-Wechselsprechanlage Huckepack-Druckluftversorgung Transportable Einmann-Taucherdruckkammer mit Anschlußflansch (Fa. Dräger)	Die Kammer ist am Wochenende ab Freitag 13.00 Uhr nicht einsetzbar.
Pionierschule und Fachschule des Heeres für Bautechnik Lehrgruppe B, VI. Inspektion Cosimastraße 60 8000 München 81 Telefon: 089 / 9235 – 460 / 461	zul. Betriebsüberdruck: 5 bar Raumgröße: 0,35 m³ Ausstattung: 1 Liegeplatz	Telefon Transportable Einmann-Taucherdruckkammer mit Anschlußflansch (Fa. Dräger) Kann mit Hubschrauber transportiert werden. Landemöglichkeit vorhanden.	Da zum Aufbau und Betrieb Fachpersonal erforderlich ist, Nutzung nur während der Dienstzeit nach vorheriger telefonischer Vereinbarung. Außerhalb der Dienstzeit: 089 / 9235 – 514

Standort	Technische Daten	Besondere Einrichtungen	Bemerkungen
5. Kompanie, Pionierlehrbataillon 220 Funkkaserne Domagkstraße 33 8000 München 40 Telefon: 089 / 326091 – 416	zul. Betriebsüberdruck: 5 bar Raumgröße: 0,35 m³ Ausstattung: 1 Liegeplatz	Telefon Transportable Einmann-Druckkammer mit Anschlußflansch (Fa. Dräger)	In der Dienstzeit einsatzbereit, soweit ausgebildetes Personal vorhanden. Außerhalb der Dienstzeit muß mit längeren Wartezeiten gerechnet werden.
Dyckerhoff & Widmann AG Erdinger Landstraße 1 8000 München 81 Telefon: 089 / 9255 – 2545	zul. Betriebsüberdruck: 5,5 bar Raumgröße: 11 m³ Vorkammer: 5 m³ Ausstattung: 2 Liegeplätze 4 Sitzplätze	Personenschleuse Medikamentenschleuse Behandlungsmöglichkeit in der Kammer Sauerstoffbeatmung Telefon	Wechselnde Einsatzorte, Standort über den Betreiber zu erfragen.
Städt. Branddirektion Feuerwache 5. Anzinger Straße 41 8000 München 80 Telefon: 089 / 112 (Notruf) 238061 (Feuerwehr Zentrale)	zul. Betriebsüberdruck: 5 bar Raumgröße: 0,35 m³ Ausstattung: 1 Liegeplatz	Telefon Transportable Einmann-Druckkammer mit Anschlußflansch (Fa. Dräger). Kann mit Hubschrauber transportiert werden.	Ständig einsatzbereit.
Berufsfeuerwehr Nürnberg Feuerwache 4 Regenstraße 4 8500 Nürnberg 60 Telefon: 0911 / 6418 – 1 Zentrale (112 Notruf)	zul. Betriebsüberdruck: 5 bar Raumgröße: 0,35 m³ Ausstattung: 1 Liegeplatz	Telefon Kann mit Hubschrauber transportiert werden.	Ständig einsatzbereit Anschlußflansch (Fa. Dräger) Ladegeschirr für Kran

Pionierschule und Fachschule des Heeres für Bautechnik Pionierübungsplatz Schiffbauerweg 12 8136 Percha Telefon: 08151 / 3491 – 315	zul. Betriebsüberdruck: 5 bar Raumgröße: 0,35 m³ Ausstattung: 1 Liegeplatz	Telefon Transportable Einmann-Taucherdruckkammer mit Anschlußflansch (Fa. Dräger) Kann mit Hubschrauber transportiert werden. Landemöglichkeit vorhanden.	Da zum Aufbau und Betrieb Fachpersonal erforderlich ist, Nutzung nur während der Dienstzeit nach vorheriger telefonischer Vereinbarung. Außerhalb der Dienstzeit: 089 / 9235 – 514
Techn. Grenzschutzabteilung Süd Burgfriedstraße 34 8200 Rosenheim/Obb. Telefon: 08031 / 88074 – 7618	zul. Betriebsüberdruck: 5 bar Raumgröße: 0,35 m³ Ausstattung: 1 Sitzpl. 1 Liegeplatz	Wechselsprechanlage Medikamentenschleuse Anschlußflansch Dräger Beleuchtung kann mit Hubschrauber transportiert werden	Druckkammereinheit ist auf Lkw montiert und kann ortsunabhängig eingesetzt werden. Notbehandlungsmöglichkeit in der Kammer. Transcom kann als Schleuse für Einmannkammer benutzt werden. Inanspruchnahme der Kammereinheit nur nach vorheriger Vereinbarung.

Berlin

Gesellschaft für hyperbare Medizin mbH & Co. Forschungs KG Lichterfelder Ring 195 1000 Berlin 45 Telefon: 030 / 711 1021	zul. Betriebsüberdruck: 4,8 bar Raumgröße: 9 m³ Ausstattung: Vorkammer 5 Sitzplätze Hauptkammer 10 Sitzplätze	Personenschleuse Medikamentenschleuse Behandlungsmöglichkeit in der Kammer Telefon, Gegensprechanlage Fernsehüberwachungsanlage	
Berliner Feuerwehr Abt. III Tauchergruppe Nikolaus-Groß-Weg 1000 Berlin 13 (Charlottenburg) Telefon: 030 / 387 6365 – oder Notruf 112	zul. Betriebsüberdruck: 5 bar Raumgröße: 0,35 m³ Ausstattung: 1 Liegeplatz	Telefon Transportable Einmann-Druckkammer mit Anschlußflansch (Fa. Dräger)	In der Dienstzeit einsatzbereit. Außerhalb der Dienstzeit nach vorheriger Vereinbarung. Dr. med. J. Doernbach, Barnetstraße 59, 1000 Berlin 49, Telefon 030 / 745 5015.

Standort	Technische Daten	Besondere Einrichtungen	Bemerkungen
Bundeslehr- und Forschungsstätte DLRG Am Pichelssee 20/21 1000 Berlin 20 Telefon: 030 / 3623024	zul. Betriebsüberdruck: 15 bar Raumgröße: 7 m³ Ausstattung: 2 Liegeplätze oder 6 Sitzplätze	Personenschleuse Medikamentenschleuse Behandlungsmöglichkeit in der Kammer Telefon, Wechselsprechanlage Anflanschmöglichkeit für transportable Einmann-Druckkammer der Firma Dräger.	Ständig einsatzbereit: Röntgenanlage, Spiroergometrie Clinocar-Notfallwagen Nuklearmed. Szintigrafie Heliumbetrieb

Bremen

Bugsier-, Reederei u. Bergungs-AG. Hamburg Filiale Bremerhaven 2850 Bremerhaven Schuchmannplatz Telefon: 0471 / 43084	zul. Betriebsüberdruck: 8 bar Raumgröße: 5 m³ Ausstattung: 1 Liegeplatz 4 Sitzplätze	Personenschleuse Vorkammer Medikamentenschleuse Behandlungsmöglichkeit in der Kammer Telefon	Stationiert auf Schwimmkran „Enak", ständig einsatzbereit, wenn in Bremerhaven.

Hamburg

Harms Bergung GmbH & Co Tauchen – Bergen – Schiffahrt – Transporte 2000 Hamburg 11 Vorsetzen 54 Telefon: 040 / 311316	zul. Betriebsüberdruck: 8 bar Raumgröße: 0,35 m³ Ausstattung: 1 Liegeplatz	Telefon, Wechselsprechanlage Transportable Einmann-Druckkammer mit Anschlußflansch (Fa. Dräger). Kann mit Hubschrauber transportiert werden.	Die Kammer ist in 2000 Hamburg 11, Vorsetzen 54, einsatzbereit. Außerhalb der Dienstzeit muß mit einer Wartezeit bis zu 1 Stunde gerechnet werden.
Harmstorf-Bau GmbH Industriestraße 57 2000 Wedel/Holstein Telefon: 04103 / 82046	Betriebsdruck: 3 bar Raumgröße: 0,35 m³ Ausstattung: 1 Liegeplatz	Medikamentenschleuse Telefon	Transportable Einmann-Teleskopkammer

Hessen

Branddirektion Frankfurt
Feuerwache 3
Hanauer Landstraße 77
6000 Frankfurt/Main
Telefon: 0611 / 4030 – 0
Feuerwehr Zentrale
112 (Notruf)

zul. Betriebsüberdruck: 5 bar
Raumgröße: 0,35 m³
Ausstattung: 1 Liegeplatz

Gegensprechanlage
Transportable
Teleskopdruckkammer
Kann im Hubschrauber transportiert werden (nicht BO 105).

Ständig einsatzbereit
Auf Wasserrettungszug verlastet.

Berufsgenossenschaftliche
Unfallklinik Frankfurt am Main
Friedberger Landstraße 430
6000 Frankfurt am Main 60
Telefon: 0611 / 4751

zul. Betriebsüberdruck: 4 bar
Raumgröße: 1,6 m³
Ausstattung: 1 Liegeplatz

Medikamentenschleuse
Behandlungsmöglichkeit in der Kammer
Gegensprechanlage
EEG, EKG, Blutdruckmessung, i.v. Infusionen mit Pumpe

Ständig einsatzbereit
Zuständigkeitsbereich:
Abteilung für Anästhesie und Intensivtherapie

Wayss & Freytag AG.
Theodor-Heuss-Allee 110
6000 Frankfurt/Main
Telefon: 0611 / 7929 – 0

zul. Betriebsüberdruck: 3 bar
Raumgröße: 10 m³
Vorkammer 4 m³
Ausstattung: 2 Liegeplätze
1 Sitzplatz

Personenschleuse
Medikamentenschleuse
Behandlungsmöglichkeit in der Kammer
Telefon
Heizkörper (2 × 1000 W)

Ähnliche Druckkammern sind auf verschiedenen Baustellen stationiert. Die Standorte können über die o.g. Adresse erfragt werden.

Wayss & Freitag AG
Theodor-Heuss-Allee 110
6000 Frankfurt/Main
Telefon: 0611 / 7929 – 0

zul. Betriebsüberdruck: 5,5 bar
Raumgröße: 10,0 m³
Vorkammer 4,0 m³
Ausstattung: 1 Sitzplatz
1 Liegeplatz
Vorkammer Demontierbare Sitzbank

Medikamentenschleuse
Behandlungsmöglichkeit in der Kammer
automatische Druckregelung
Wechselsprechanlage
Personenschleuse mit Anschlußmöglichkeit für Einmann-Druckkammer,
Telefon, 5stufige Heizung

Die Druckkammern sind auf verschiedenen Baustellen in der BRD stationiert. Die Standorte können über o.g. Adresse erfragt werden.

Standort	Technische Daten	Besondere Einrichtungen	Bemerkungen
Berufsfeuerwehr Gießen (Taucherrettungswagen der SV-Grün-Weiß-Gießen, Taucherabteilung) 6300 Gießen Steinstraße 1 Telefon: 0641 / 306 – 2720 oder Notruf: 0641 / 112	zul. Betriebsüberdruck: 5 bar Raumgröße: 0,35 m³ Ausstattung: 1 Liegeplatz	Medikamentenschleuse Telefon Transportable Einmann-Druckkammer mit Anschlußflansch (Fa. Dräger) Kann mit Hubschrauber transportiert werden. Vorbereiteter Lkw für Transport vorhanden.	Ständig einsatzbereit Leitung: VDST-Tauchlehrer, 6304 Lollar, Adalbert-Stifter-Straße 5, Tel. 06406 / 3630.
Flußpionierkompanie 951 Hafenstraße 6 6200 Wiesbaden-Schierstein Telefon: 06121 / 3801 – 600 nach Dienstschluß 619 / 620	zul. Betriebsüberdruck: 5 bar Raumgröße: 0,35 m³ Ausstattung: 1 Liegeplatz	Gegensprechanlage Transportable Einmann-Druckkammer mit Anschlußflansch (Fa. Dräger). Kann mit Hubschrauber transportiert werden.	In der Dienstzeit einsatzbereit. Außerhalb der Dienstzeit muß mit längerer Wartezeit gerechnet werden.
Niedersachsen			
Pionierbataillon 120 2817 Dörverden Postfach C 2817 Dörverden Telefon: 04234 / 1011 – 14 App. 319 nach Dienst App. 244 (OvWa)	zul. Betriebsüberdruck: 5 bar Raumgröße: 0,35 m³ Ausstattung: 1 Liegeplatz	Telefon Transportable Einmann-Taucherdruckkammer mit Anschlußflansch (Fa. Dräger) kann mit Hubschrauber transportiert werden.	

Marinestützpunkt Borkum 2972 Borkum Telefon: 04922 / 821 – 25 / 239	zul. Betriebsüberdruck: 5 bar Raumgröße: 0,35 m³ Ausstattung: 1 Liegeplatz	Gegensprechanlage Transportable Einmann-Druckkammer mit Anschlußflansch (Fa. Dräger) Kann mit Hubschrauber transportiert werden.	In der Dienstzeit einsatzbereit. Außerhalb der Dienstzeit: Taucherpersonal zur Bedienung der Druckkammer sowie Taucherarzt mit Tauchersanitätspersonal sind im Kommando vorhanden. SAR-Marinehubschrauber vom Typ „Seaking" ist auf Borkum stationiert.
Thyssen Nordseewerke GmbH Abtg. TUF Sicherheitsschiff „Poseidon" Am Zungenkai 2970 Emden Telefon: 04921 / 85285 / 85869 / 85201	Betriebsdruck: 5,5 bar Raumgröße: 6,7 m³ Ausstattung: Hauptkammer 2 Liegeplätze oder 6 Sitzplätze Vorkammer 3 Sitzplätze	Personenschleuse Medikamentenschleuse Behandlungsmöglichkeit in der Kammer Sauerstoffbeatmung: Hauptkammer 6 Pers. Vorkammer 3 Pers. Telefon, Wechselsprechanlage Anschlußflansch für transportable Einmannkammer der Fa. Dräger	Die Kammer ist installiert auf dem Uboot-Sicherheitsschiff „Poseidon". Einsatzgebiet: Nordsee, Skagerrak, westl. Ostsee Taucherarztgehilfe an Bord. Verfügbarkeit telefonisch erfragen.
Kreiskrankenhaus Goslar Kösliner Straße 12 3380 Goslar Telefon: 05321 / 5551	zul. Betriebsüberdruck: 6 bar Raumgröße: 0,35 m³ Ausstattung: 1 Liegeplatz	Medikamentenschleuse Telefon	Die Taucherdruckkammer ist ständig einsatzbereit. Abtransport vom Krankenhaus nach ca. 5–10 Minuten.
Berufsfeuerwehr Hannover 3000 Hannover Feuerwehrstraße 1 Telefon: 0511 / 1234 – 1	zul. Betriebsüberdruck: 5 bar Raumgröße: 0,63 m³ Ausstattung: 2 Liegeplätze	Medikamentenschleuse Behandlungsmöglichkeit in der Kammer Telefon, Gegensprechanlage Anschlußflansch System Dräger und Babcock	

Standort	Technische Daten	Besondere Einrichtungen	Bemerkungen
5. Pionier-Bataillon 2 Kurhessen-Kaserne Wilhelmshäuser Straße 50 3510 Hann. Münden Telefon: 05541 / 8033 – 252 / 249	zul. Betriebsüberdruck: 5 bar Raumgröße: 0,35 m³ Ausstattung: 1 Liegeplatz	Telefon, Wechselsprechanlage Transportable Einmann-Taucherdruckkammer mit Anschlußflansch (Fa. Dräger). Kann mit Hubschrauber transportiert werden.	In der Dienstzeit einsatzbereit. Außerhalb der Dienstzeit muß mit längerer Wartezeit gerechnet werden.
5. Pionierbataillon 3 – KpFw – von Goeben-Kaserne Block 13 2160 Stade Telefon: 04141 / 61061 – 581 / 593	zul. Betriebsüberdruck: 5 bar Raumgröße: 0,35 m³ Ausstattung: 1 Liegeplatz	Telefon	Transportable Einmann-Taucher-Druckkammer mit Anschlußflansch (Fa. Dräger). Für Hubschraubertransport, Fritz Laydorff, Tel. 04141 / 82736.
II. Versorgungsgeschwader Heppenser-Groden Stabsgeb. II 2940 Wilhelmshaven Telefon: 04421 / 30671 – 4283	zul. Betriebsüberdruck: 10 bar Raumgröße: 10,56 m³ Ausstattung: 2 Liegeplätze oder 6 Sitzplätze Vorkammer je 2 Sitzplätze	Personenschleuse Medikamentenschleuse Behandlungsmöglichkeit in der Kammer Telefon	Die Druckkammer ist eingebaut auf dem Bergungsschlepper „Helgoland" und geliefert von der Firma Dräger, Lübeck.
Marinestützpunktkommando Wilhelmshaven 4. Einfahrt, Geb. 48 2940 Wilhelmshaven Telefon: 04421 / 30671 – 4570 nach Dienstschluß: 04421 / 30671 – 4517	zul. Betriebsüberdruck: 5 bar Raumgröße: 0,35 m³ Ausstattung: 1 Liegeplatz	Telefon Transportable Einmann-Druckkammer mit Anschlußflansch (Fa. Dräger). Kann mit Hubschrauber transportiert werden.	

Marinestützpunktkommando Wilhelmshaven 4. Einfahrt Geb. 48 2940 Wilhelmshaven Telefon: 04421 / 30671 – 4570 nach Dienstschluß: 4517	zul. Betriebsüberdruck: 10 bar Raumgröße: 8,5 m³ Ausstattung: 8 Sitzplätze oder 2 Liegeplätze	Medikamentenschleuse Behandlungsmöglichkeit in der Kammer Gegensprechanlage Personenschleuse, Telefon	In der Dienstzeit von 7.30–16.00 Uhr einsatzbereit. Außerhalb der Dienstzeit keine Bereitschaft. Personal muß alarmiert werden. Eine transportable Einmann-Druckkammer mit Anschlußflansch (Fa. Dräger) ist ebenfalls vorhanden.
Techn. Grenzschutzabteilung Nord Hamburger Straße 81 2090 Winsen (Luhe) Telefon: 04171 / 2081/82	Betriebsdruck: 5,0 atü Raumgröße: 0,35 m³ Ausstattung: 1 Liegeplatz	Anschlußflansch (Dräger) vorhanden Medikamentenschleuse Telefon Hubschraubertransport möglich LKW-Transport möglich	Inanspruchnahme der Kammer nur nach vorheriger Vereinbarung. Während normaler Dienstzeit einsatzbereit.
Techn. Grenzschutzabteilung Nord Hamburger Straße 81 2090 Winsen (Luhe) Telefon: 04171 / 2081 – 82	Betriebsdruck: 5,5 atü Raumgröße: 4,2 m³ Ausstattung: 1 Liegeplatz 3 Sitzplätze	Anschlußflansch (Dräger) vorhanden Personenschleuse Medikamentenschleuse Behandlungsmöglichkeit in der Kammer Sauerstoffbeatmung Telefon Ortsfest eingebaut, nicht transportabel	Inanspruchnahme der Kammer nur nach vorheriger Vereinbarung. Während normaler Dienstzeit einsatzbereit.

Nordrhein-Westfalen

Berufsfeuerwehr Dortmund Feuerwache 2 Lütge-Heide-Straße 70 4600 Dortmund-Lindenhorst Telefon: 0231 / 845 – 1 845 – 5	zul. Betriebsüberdruck: 3 bar Raumgröße: 0,35 m³ Ausstattung: 1 Liegeplatz		Ständig einsatzbereit. Auswärtiger Einsatz nur mit Zustimmung der Amtsleitung.

Standort	Technische Daten	Besondere Einrichtungen	Bemerkungen
Medizinische Einrichtungen der Universität Düsseldorf Institut für Anaesthesiologie Station Chirurgie C 8 Moorenstraße 5 4000 Düsseldorf Telefon: 0211 / 311 – 8105 (7.30–16.00), 7376 (16.00–7.30)	zul. Betriebsüberdruck: 5 bar Raumgröße: 1,6 m³ Ausstattung: 1 Liegeplatz	Medikamentenschleuse Behandlungsmöglichkeit in der Kammer Sauerstoffbeatmung Gegensprechanlage EEG, EKG, Blutdruck- u. Pulsmessung i. v. Infusion mit Pumpe	Wegen Personalmangels ist die telefonische Anmeldung vor Einsatz unbedingt erforderlich.
St. Josef-Hospital-Laar Ahrstraße 100 4100 Duisburg 12 Telefon: 0203 / 80011 – 335	zul. Betriebsüberdruck: 6 bar Raumgröße: Vorkammer 4 m³ Hauptkammer 8,6 m³ Ausstattung: Vorkammer 2 Sitzplätze Hauptkammer 4 Sitzplätze 1 Liegeplatz	Personenschleuse Medikamentenschleuse Behandlungsmöglichkeit in der Kammer EEG, EKG, Beatmung (Respirator), permanente transcutane O$_2$-Messung	Ständig einsatzbereit 1 Arzt + 1 Kammerassistent Leitender Arzt Dr. D. Tirpitz Vertreter: Boykara
Berufsfeuerwehr Hagen Wache Mitte Bergischer Ring 87 5800 Hagen 1 Telefon: 02331 / 331041	Betriebsdruck: 5 bar Raumgröße: 0,35 m³ Ausstattung: 1 Liegeplatz	Telefon Transportable Einmann-Druckkammer mit Anschlußflansch (Fa. Dräger)	
Berufsfeuerwehr Hamm Sedanstr. 2 4700 Hamm 1 Telefon: 02381 / 29044	Betriebsdruck: 5 atü Raumgröße: 0,35 m³ Ausstattung 1 Liegeplatz	Telefon (Wechselsprechanlage) Transportable Einmann-Druckkammer mit Anschlußflansch (Fa. Dräger)	Ständig einsatzbereit.

Einrichtung	Technische Daten	Ausstattung	Bemerkungen
Techn. Grenzschutzabteilung West Richthofenstraße 62 5205 St. Augustin 2 – Hangelar Telefon: 02241 / 19-81 – 352 (3 55 nach Dienstschluß)	zul. Betriebsüberdruck: 5 bar Raumgröße: 0,35 m^3 Ausstattung: 1 Liegeplatz	Medikamentenschleuse Gegensprechanlage Personenschleuse Telefon Transportable Einmann-Druckkammer mit Anschlußflansch (Fa. Dräger). Vorbereiteter Lkw und Ladegeschirr für Kran und Hubschrauber vorhanden.	In der Dienstzeit einsatzbereit. Außerhalb der Dienstzeit nach Vereinbarung bzw. Alarmierung (Zeitbedarf beachten). Inanspruchnahme der Kammer nur nach vorheriger Vereinbarung, denn mit eigener Benutzung muß gerechnet werden, da die Druckkammer im Einsatz mitgeführt wird. Taucherarzt/-Gehilfe steht nicht zur Verfügung.
DFVLR-Institut für Flugmedizin Linder Höhe 5000 Köln 90 Telefon: 02203 / 6011 Zentr. 6013174 UW-Medizin	zul. Betriebsüberdruck: 100 bar Raumgröße: 25 m^3 Ausstattung: 4 Liegeplätze oder 6-8 Sitzplätze	2 Personenschleusen Medikamentenschleusen Behandlungsmöglichkeit in der Kammer Sauerstoffbeatmung Gegensprechanlage	Nur einsatzbereit, wenn keine laufenden langfristigen Versuche. Außerhalb der Dienstzeit nicht einsatzbereit.
Flußpionierkompanie 832 Rheinhafen 93–95 4150 Krefeld/Linn Telefon: 02151 / 571212 – 185	zul. Betriebsüberdruck: 5 bar Raumgröße: 0,35 m^3 Ausstattung: 1 Liegeplatz	Wechselsprechanlage Transportable Einmann-Druckkammer mit Anschlußflansch (Fa. Dräger). Kann mit Hubschrauber transportiert werden.	In der Dienstzeit einsatzbereit. Außerhalb der Dienstzeit kein Einsatz möglich. Lange Anlaufzeit.
Dr.-Ing. Paproth & Co. Tiefbauunternehmung Diessemer Bruch 54 Postfach 2245 4150 Krefeld 1 Telefon: 02151 / 541068/69	zul. Betriebsüberdruck: 3 bar Raumgröße: 9 m^3 Ausstattung: 2 Liegeplätze	Personenschleuse Medikamentenschleuse Behandlungsmöglichkeit in der Kammer Telefon	

Standort	Technische Daten	Besondere Einrichtungen	Bemerkungen
1. Amphibisches Pionierbataillon 130 Herzog-von-Braunschweig-Kaserne 4950 Minden Telefon: 0571 / 5911 – 514 UvD	zul. Betriebsüberdruck: 5 bar Raumgröße: 0,35 m³ Ausstattung: 1 Liegeplatz	Gegensprechanlage Transportable Einmann-Druckkammer mit Anschlußflansch (Fa. Dräger). Kann mit Hubschrauber transportiert werden.	In der Dienstzeit einsatzbereit. Außerhalb der Dienstzeit muß Personal benachrichtigt werden.
Katastrophenschutz- und Hilfeleistungszentrum des Kreises Aachen 5107 Simmerath Kranzbruchstr. o. Nr. Telefon: 02473 / 7078 / 7079 / 7000	Betriebsdruck: 5 bar Raumgröße: 0,45 m³ Ausstattung: 1 Liegeplatz	Medikamentenschleuse Gegensprechanlage Huckepack-Druckluftversorgung Transportable Einmann-Druckkammer mit Anschlußflansch System Dräger	Ständig einsatzbereit Bedienungspersonal stellt die Tauchergruppe des Technischen Hilfswerks Aachen, Alarmierung ebenfalls über Leitstelle Simmerath. Kammer kann mit Hubschrauber transportiert werden. Ladegeschirr für den Transport durch kleinere Hubschrauber oder Kran ist vorhanden. Transportfahrzeug für Landtransport ist vorhanden.

Rheinland-Pfalz

Standort	Technische Daten	Besondere Einrichtungen	Bemerkungen
Erprobungsstelle 51 der Bundeswehr Winninger Straße 15 5400 Koblenz – Metternich Telefon: 0261 / 8801 – 312	zul. Betriebsüberdruck: 6 bar Raumgröße: 0,75 m³ Ausstattung: 1 Liegeplatz 1 Sitzplatz	Medikamentenschleuse Behandlungsmöglichkeit in der Kammer Gegensprechanlage Zweimann-Kammer, transportabel.	Vorhanden: 1 Ladegeschirr für den Transport mit Lkw. Inanspruchnahme der Kammer nur nach vorheriger Vereinbarung.

Universitätsklinik Mainz 6500 Mainz Langenbeckstraße 1 Telefon: 06131 / 172055 / 56 tags 171 nachts	zul. Betriebsüberdruck: 5 bar Raumgröße: Vorkammer 3,1 m³ Hauptkammer 7,5 m³ Ausstattung: Vorkammer 2 Sitzplätze Hauptkammer 1 Liegeplatz 3 Sitzplätze	Personenschleuse mit Vorkammer Medikamentenschleuse Behandlungsmöglichkeit in der Kammer Sauerstoffbeatmung Wechselsprechanlage Operationsmöglichkeit Beobachtungsfenster	Fabrikat Dräger, Modell MDS-5-I-K (T 30100)
Flußpionierkompanie 800 General-Henke-Kaserne 5450 Neuwied 1 Telefon: 02631 / 27084-85 – 49	Betriebsdruck: 5 bar Raumgröße: 0,35 m³ Ausstattung: 1 Liegeplatz	Wechselsprechanlage Transportable Einmann-Druckkammer mit Anschlußflansch (Fa. Dräger) Kann mit Hubschrauber transportiert werden.	In der Dienstzeit einsatzbereit, außerhalb der Dienstzeit muß mit Wartezeit gerechnet werden. Tauchersanitäter vorhanden.
Kurhotel und Hyperbare Medizin, Dr. Reusch & Co. Institut für physikalische Therapie u. Rehabilitation 5511 Nittel/Mosel Weinstraße 22 Telefon: 06584 / 888 / 889	zul. Betriebsüberdruck: 5 bar Raumgröße: Hauptkammer 11 m³ Vorkammer 4 m³ Ausstattung: Hauptkammer 2 Liegeplätze und 8 Sitzplätze oder 14 Sitzplätze Vorkammer 4 Sitzplätze	Personenschleuse Medikamentenschleuse Behandlungsmöglichkeit in der Kammer Sauerstoffbeatmung Telefon	Ärztliche Leitung: Dr. med. J. P. Reusch, 5500 Trier, Saarstraße 116. Telefon: 0651 / 75845 – 74844
5. Pionierbataillon 12 Kurpfalz-Kaserne 6720 Speyer Telefon: 06232 / 33071–74 – 306	zul. Betriebsüberdruck: 5 bar Raumgröße: 0,35 m³ Ausstattung: 1 Liegeplatz	Wechselsprechanlage Transportable Einmann-Druckkammer mit Anschlußflansch (Fa. Dräger). Kann mit Hubschrauber transportiert werden.	In der Dienstzeit einsatzbereit. Außerhalb der Dienstzeit muß mit längerer Wartezeit gerechnet werden. Voranmeldung möglich. Tauchersanitäter vorhanden.

Standort	Technische Daten	Besondere Einrichtungen	Bemerkungen
1. Amphibisches Pionierbataillon 330 Kurpfalz-Kaserne Postfach 1222 6720 Speyer Telefon: 06232 / 33071-74 – 317	zul. Betriebsüberdruck: 5 bar Raumgröße: 0,35 m³ Ausstattung: 1 Liegeplatz	Wechselsprechanlage Transportable Einmann-Druckkammer mit Anschlußflansch (Fa. Dräger). Kann mit Hubschrauber transportiert werden.	In der Dienstzeit einsatzbereit. Außerhalb der Dienstzeit muß mit längerer Wartezeit gerechnet werden. Voranmeldung möglich. Tauchersanitäter vorhanden.
Erprobungsstelle 41 der Bundeswehr Grünberg 5500 Trier Telefon: 0651 / 42057	Betriebsdruck: 6 bar Raumgröße: 0,35 m³ Ausstattung: 1 Liegeplatz	Wechselsprechanlage	Nur in der Dienstzeit einsatzbereit.
Dr. med. Jos. Reusch Saarstraße 16 5500 Trier Telefon: 0651 / 74845/74844	zul. Betriebsüberdruck: 4,3 bar Raumgröße: Vorkammer 3,1 m³ Hauptkammer 7,5 m³ Ausstattung: Vorkammer 2 Sitzplätze Hauptkammer 7 Sitzplätze oder 1 Liegeplatz u. 3 Sitzplätze	Personenschleuse Medikamentenschleuse Behandlungsmöglichkeit in der Kammer Sauerstoffbeatmung Gegensprechanlage	Tag und Nacht einsatzbereit. Ärztliche Leitung: Dr. med. J.P. Reusch

Schleswig-Holstein

Wasser- u. Schiffahrtsamt Brunsbüttel
Schleuseninsel
2212 Brunsbüttel
Telefon: 04852 / 8011 – 334

zul. Betriebsüberdruck:
für Personenschleuse und Warteraum 2 bar
für Behandlungsraum 5 bar
Raumgröße: Personenschleuse 4,1 m³
Warteraum 8,5 m³
Behandlungsraum 7,35 m³
Ausstattung: Personenschleuse 2 Sitzplätze
Warteraum 5 Sitzplätze
Behandlungsraum 1 Sitzplatz 1 Liegeplatz

Wechselsprechanlage in allen 3 Kammern.
Warte- und Behandlungsraum elektrisch beheizbar.
Im Behandlungsraum: Medikamentenschleuse, Sauerstoff-Flasche zur Beatmung, Pulmotor, Medikamentenschrank.

Druckkammer nur nach Voranmeldung verfügbar. Einsatzbereitschaft ca. 30 Min. nach Meldung. Kein unmittelbarer Straßenanschluß.

Kampfschwimmerkompanie
Kaserne Nord Am Ort 6
2330 Eckernförde-Nord
Telefon: 04351 / 81026 – 2111
nach 16.15 Uhr: 2105

zul. Betriebsüberdruck: 5 bar
Raumgröße: 0,35 m³
Ausstattung: 1 Liegeplatz

Telefon
Transportable Einmann-Druckkammer mit Anschlußflansch (Fa. Dräger)
Kann mit Hubschrauber transportiert werden.

Taucherarzt und Taucher-Sanitäter vorhanden
Hubschrauber-Landeplatz in der Nähe
Außerhalb der Dienstzeit muß mit längerer Wartezeit gerechnet werden.

Minentaucherkompanie
Am Ort 1
2330 Eckernförde
Telefon: 04351 / 81026 – 2778

Betriebsdruck: 5 atü
Raumgröße: 0,35 m³
Ausstattung: 1 Liegeplatz

Telefon
Transportable Einmann-Druckkammer mit Anschlußflansch (Fa. Dräger)
Kann mit Hubschrauber transportiert werden.

Taucherarzt und Taucher-Sanitäter vorhanden
Hubschrauber-Landeplatz in der Nähe
Außerhalb der Dienstzeit muß mit längerer Wartezeit gerechnet werden.

Standort	Technische Daten	Besondere Einrichtungen	Bemerkungen
Minentaucherkompanie Boot Hansa Am Ort 1 2330 Eckernförde Telefon: 04351 / 81026 – 2561	Betriebsdruck: 5 atü Raumgröße: 0,35 m³ Ausstattung: 1 Liegeplatz	Telefon Transportable Einmann-Druckkammer mit Anschlußflansch (Fa. Dräger) Kann mit Hubschrauber transportiert werden.	Taucherarzt und Taucher-Sanitäter vorhanden Hubschrauber-Landeplatz in der Nähe Außerhalb der Dienstzeit muß mit längerer Wartezeit gerechnet werden.
Minentaucherkompanie Boot Stier Am Ort 1 2330 Eckernförde Telefon: 04351 / 81026 – 2562	Betriebsdruck: 10 atü Raumgröße: 8,5 m³ Ausstattung: 1 Liegeplatz und 5 bzw. oder 8 Sitzplätze	Personenschleuse Medikamentenschleuse Behandlungsmöglichkeit in der Kammer Sauerstoffbeatmung Telefon	
Marine-Waffenschule Boot Langeoog Am Ort 1 2330 Eckernförde Telefon: 04351 / 81026 – 2553	Betriebsdruck: 10 atü Raumgröße: 8,5 m³ Ausstattung: 1 Liegeplatz und 5 bzw. oder 8 Sitzplätze	Personenschleuse Medikamentenschleuse Behandlungsmöglichkeit in der Kammer Sauerstoffbeatmung Telefon	
Marine-Waffenschule 2330 Eckernförde-Nord Telefon: 04351 / 81027 – 2712 u. 2713 bis 16.30 Uhr ab 16.30 App. 2468	zul. Betriebsüberdruck: 10 bar Raumgröße: 8,5 m³ Ausstattung: 1 Liegeplatz und 5 Sitzplätze oder 8 Sitzplätze	Personenschleuse Medikamentenschleuse Behandlungsmöglichkeit in der Kammer Sauerstoffbeatmung für 8 Personen Telefon, Gegensprechanlage mit Anschlußflansch für transportable Einmann-Druckkammer der Fa. Dräger.	Bedienungspersonal, Taucherarzt und Tauchersanitäter können bei Bedarf und vorheriger Anmeldung gestellt werden. Hubschrauberlandeplatz in der Nähe. Einbringen von Kranken mit Teleskop-Druckkammer ist möglich.

Marinestützpunkt Swinemünder Straße 2390 Flensburg-Mürwik Telefon: 0461 / 8101 – 2379 nach Dienstschluß: 2351	zul. Betriebsüberdruck: 5 bar Raumgröße: 0,35 m³ Ausstattung: 1 Liegeplatz	Gegensprechanlage Transportable Einmann-Druckkammer mit Anschlußflansch (Fa. Dräger).	Ladegeschirr für Hubschrauber u. Kran vorhanden. Lkw-Transport möglich.
Biologische Anstalt Helgoland 2192 Helgoland Telefon: 04725 / 79235	zul. Betriebsüberdruck: 5 bar Raumgröße: 0,35 m³ Ausstattung: 1 Liegeplatz	Gegensprechanlage	In der Dienstzeit einsatzbereit ab Frühjahr 1978 von 7.00 bis 17.00 Uhr Außerhalb der Dienstzeit telefonische Bereitschaft 04725 / 7253
Howaldtswerke – Deutsche Werft AG Werk Kiel – Abt. KMF „Begleitschiff Pegasus II" Telefon: 0431 / 702333 – 731473	zul. Betriebsüberdruck: 15 bar Raumgröße: 6 m³ Ausstattung: Hauptkammer 6 Sitzplätze oder 2 Liegeplätze Vorkammer 2 Sitzplätze	Personenschleuse Medikamentenschleuse Behandlungsmöglichkeit in der Kammer Sauerstoffbeatmung: Hauptkammer 6 Personen, Vorkammer 2 Personen Telefon, Wechselsprechanlage Mit Anschlußflansch für transportable Einmann-Taucherkammer der Firma Dräger	Die Kammer ist installiert auf HDW U-Boot-Begleitschiff „Pegasus II" Einsatzgebiet westl. Ostsee (kurzeitig Skagerrak) Taucherarztgehilfe an Bord Verfügbarkeit telefonisch zu erfragen
Schiffahrtmed. Institut der Marine Kopperpahler Allee 120 2300 Kiel-Kronshagen Telefon: 0431 / 54391 – 1711 u. 1715	zul. Betriebsüberdruck: 11 bar Raumgröße: 10,77 m³ Hauptkammer 7,86 m³ Ausstattung: 1 Liegeplatz oder 8 Sitzplätze 2 Sitzplätze in der Personenschleuse	Personenschleuse Vorkammer Medikamentenschleuse Behandlungsmöglichkeit in der Kammer 8 Sauerstoffbeatmungsstellen Telefon, Gegensprechanlage O_2-Warnanlage	Ständig mit Taucherarzt einsatzbereit Einbringen von Kranken mit Teleskopdruckkammer ist möglich. Vorrichtung zum Anflanschen von starren Einmann-Druckkammern 6 bar, Typ „Dräger".

Standort	Technische Daten	Besondere Einrichtungen	Bemerkungen
Grenzschutzschule Lübeck Fachbereich Technischer Dienst ABC-Wesen Ratzeburger Landstraße 4 2400 Lübeck (St. Hubertus) Telefon: 0451 / 504 – 361 nach Dienstschluß 504 – 1	a) zul. Betriebsüberdruck: 5 bar Raumgröße: 0,35 m³ Ausstattung: 1 Liegeplatz b) zul. Betriebsüberdruck: 5,5 bar Raumgröße: 1,35 m³ Ausstattung: 1 Sitzplatz	Versorgungsschleuse Wechselsprechanlage Beobachtungsfenster Transportable Einmann-Druckkammer mit Anschlußflansch (Fa. Dräger, Bajonett) Kann mit Hubschrauber transportiert werden. Vorbereiteter Lkw für Transport vorhanden.	Inanspruchnahme der Druckkammer nur nach vorheriger Vereinbarung.
Technische Marineschule Lehrgruppe Schiffssicherung Taucherschulboote „Juist" und „Baltrum" 2430 Neustadt Telefon: 04561 / 6054 – 360/359	zul. Betriebsüberdruck: 10 bar Raumgröße: 8,32 m³ Ausstattung: 8 Sitzplätze oder 2 Liegeplätze	Medikamentenschleuse Behandlungsmöglichkeit in der Kammer Sauerstoffbeatmung, Gegensprechanlage Personenschleuse, Telefon Anschlußmöglichkeit für transportable Einmann-Druckkammer (Fa. Dräger).	In der Dienstzeit ständig einsatzbereit. Außerhalb der Dienstzeit kurzfristig einsatzbereit nach telefonischer Anmeldung – 04561 / 6054 – NSt 425/428 Auf den Taucherschulbooten „Juist" und „Baltrum" befindet sich je eine baugleiche Druckkammer.
Bundesmarine Technische Marineschule Lehrgruppe Schiffssicherung Wieksbergstraße 54/1 2430 Neustadt Telefon: 04561 / 6054 – 360/359	zul. Betriebsüberdruck: 10 bar Raumgröße: 8,32 m³ Ausstattung: 8 Sitzplätze oder 2 Liegeplätze	Medikamentenschleuse Behandlungsmöglichkeit in der Kammer Sauerstoffbeatmung Personenschleuse Telefon Anschlußmöglichkeit für transportable Einmann-Druckkammer (Fa. Dräger).	In der Dienstzeit ständig einsatzbereit. Außerhalb der Dienstzeit kurzfristig einsatzbereit nach telefonischer Anmeldung – 04561 / 6054 – NSt 425/428

Technische Marineschule Lehrgruppe Schiffssicherung Wieksbergstraße 54/1 2430 Neustadt/Holstein Telefon: 04561 / 6054 – 360/359	zul. Betriebsüberdruck: 10 bar Raumgröße: 5,7 m³ Ausstattung: 1 Liegeplatz 6 Sitzplätze	Personenschleuse Medikamentenschleuse Behandlungsmöglichkeit in der Kammer Sauerstoffbeatmung Telefon Anschlußmöglichkeit für transportable Einmann-Druckkammer (Fa. Dräger)	In der Dienstzeit ständig einsatzbereit. Außerhalb der Dienstzeit kurzfristig einsatzbereit nach telefonischer Anmeldung – 04561 / 6054 – NSt 425/428
Pionierbataillon 620 Kaserne auf der Freiheit 71 2380 Schleswig Telefon: 04621 / 23001 – 231 oder 235	zul. Betriebsüberdruck: 5 bar Raumgröße: 0,35 m³ Ausstattung: 1 Liegeplatz	keine	Nur in der Dienstzeit (07.00–16.30) einsatzbereit.

Schweiz

Tel.: 01/47 47 47 zentrale Rettungsnummer der Schweiz

Med. Universitätsklinik Kantonsspital Rämistraße 100 8006 Zürich Tel.: 01/2552036	zul. Betriebsüberdruck: 100 bar Raumgröße: verschieden wählbar 3 kombinierte Kammersysteme Ausstattung: 3 Liegeplätze	Personenschleuse Behandlungsmöglichkeit in der Kammer O₂-Atmung, Dräger- und Spirotechnikanschluß-möglichkeit	Prof. Buhlmann Tel.: 01/2552202 außerhalb der Dienstzeit Tel.: 01/2551111
Schweizerische Rettungsflugwacht Sekretariat: Dufourstr. 43 8008 Zürich Tel.: 01/47 47 47	zul. Betriebsüberdruck: 8 bar Raumgröße: 0,35 m³ Ausstattung: 1 Liegeplatz	Fa. Dräger für Flugtransport	

Standort	Technische Daten	Besondere Einrichtungen	Bemerkungen
Seepolizei der Stadt Zürich Bellrivestr. 260 8008 Zürich Tel.: 01/117 01/2167111 int. 7365	zul. Betriebsüberdruck: 5 bar Raumgröße: 0,61 m³ Ausstattung: 1 Liegeplatz	Fa. Spirotechnik auch für Straßen- und Flugtransport	
Kantonspolizei Zürich Seepolizei Seestraße 87 8942 Oberrieden Tel.: 01/2472211	zul. Betriebsüberdruck: 5 bar Raumgröße: 0,61 m³ Ausstattung: 1 Liegeplatz	Fa. Spirotechnik auch für Straßen- und Flugtransport	
Hôpital Cantonal Universitaire Vaudois Service de médicine 101 Lausanne Tel.: 021/411111 021/413566	zul. Betriebsüberdruck: 4 bar Raumgröße: 10 m³ Ausstattung: 2 Liegeplätze	Personenschleuse Behandlungsmöglichkeit in der Kammer	Prof. Perret außerhalb der Dienstzeit Tel.: 021/411111
Società Svizzera di Salvataggio (SSS) Piazza G. Motta, sezione Ascona 6612 Ascona Tel.: 093/352121 093/351188	zul. Betriebsüberdruck: 5 bar Raumgröße: 0,61 m³ Ausstattung: 1 Liegeplatz	Fa. Spirotechnik	Für Notfalltherapie am Ort
Società Svizzera di Salvataggio (SSS) Casella postale 6233, sezione Lugano 6901 Lugano Tel.: 091/517141	zul. Betriebsüberdruck: 5 bar Raumgröße: 0,61 m³ Ausstattung: 1 Liegeplatz	Fa. Spirotechnik	Für Notfalltherapie am Ort

Literaturverzeichnis

BENNETT, P. B., ELLIOT, D. H.: The Physiology and Medicine of Diving Baillière Tindall, 3. Aufl. London 1982

BÜHLMANN, A. A.: Experimentelle Grundlagen der risikoarmen Dekompression nach Überdruckexposition Schweiz. med. Wschr. 112, 48–59 (1982)

BÜHLMANN, A. A.: Dekompression – Dekompressionskrankheit. Berlin Heidelberg New York Tokyo: Springer 1983

EHM, O. F.: Tauchen – noch sicherer! Rüschlikon-Zürich/Stuttgart/Wien: Albert Müller Verlag, 1983

FOLINSBEE, L.: Cardiovascular response to apneic immersion in cool and warm water. J. Appl. Physiol. 36, 226–231 (1974)

GOODEN, B. A., FEINSTEIN, R., SKUTT, H. R.: Heart rate response of scuba divers via ultrasonic telemetry Undersea Biometrical Research 2, 11–19 (1975)

HAUX, G.: Tauchtechnik, Band I und II. Berlin-Heidelberg-New York: Springer 1969/1970

HONG, S. K., MOORE, T. O., SETO, G., PARK, H. K., HYATT, W. R., BERNAUER, E. M.: Lung volumes and apneic bradycardia in divers J. Appl. Physiol. 29, 172–176 (1970)

KAWAKAMI, Y., NATELSON, B. H., DUBOIS, A. B.: Cardiovascular effects of face immersion and factors affecting diving reflex in man. J. Appl. Physiol. 23, 964–970 (1967)

Marine nationale, Groupe d'etudes et de recherches sousmarines: Le plongée, Grenoble: Editions Arthaud 1967

MATTHYS, H.: Gefahren und Nutzen der Anwendung supranormaler Sauerstoffdrücke beim Menschen. Therapiewoche 31, 4214–4217 (1981)

MOORE, T. O., LIN, V. C., LALLY, D. A., HONG, S. K.: Effects of temperature, immersion, and ambient pressure on human apneic bradycardia. J. Appl. Physiol. 33, 36–41 (1972)

MOORE, T. O., ELSNER, R., LIN, V. C., LALLY, D. A., HONG, S. K.: Effects of alveolar pO_2 and PCO_2 on apneic bradycardia in man. J. Appl. Physiol. 34, 795–798 (1973)

SMIT, P. J.: Diving bradycardia in novice child swimmers. Acta Paediatrica Belgica 28, 102–107 (1974)

SONG, S. H., LEE, W. K., CHUNG, Y. A., HONG, S. K.: Mechanism of apneic bradycardia in man. J. Appl. Physiol. 27, 323–327 (1969)

STEGEMANN, J., TIBES, U.: Die Veränderung der Herzfrequenz beim Tauchen und Atemanhalten nach körperlicher Anstrengung. Pflügers Arch. 308, 16–24 (1969)

STRAUSS, R. H. (Hrsg.): Diving Medicine New York – San Francisco – London: Grune & Stratton 1976

Tauchmedizin 1 Dokumentation des Symposium „Tauchmedizin" in der Medizinischen Hochschule Hannover, 1978. Gerstenbrand/Lorenzoni/Seemann (Hrsg.) Schlütersche Verlagsanstalt und Druckerei Hannover, 1980

Tauchmedizin 2 Dokumentation des Symposium an der Medizinischen Hochschule Hannover, 1981. Frey/Gerstenbrand/Lorenzoni/Seemann (Hrsg.) Schlütersche Verlagsanstalt und Druckerei Hannover, 1983

TIBES, U., STEGEMANN, J.: Das Verhalten der endexspiratorischen Atemgasdrucke, der CO_2-Abgabe und O_2-Aufnahme nach einfacher Apnoe im Wasser, an Land und apnoischem Tauchen. Pflügers Arch. 308, 302–311 (1969)

US-NAVY: US-Navy diving gas manual. 2nd ed. US-Navy Supervisor of Diving Naval Ship System Command, 38–52 (1971)

Sachverzeichnis

Absolutdruck 9
Abtauchen, stufenweise 105
Änderung der Höhenlage 106
äußerer Gehörgang 35
– –, Entzündung 60
allgemeine Regeln, Tauchunfälle 72
Apnoetauchen 5, 25
Archimedes, Prinzip 14
atemgasbedingte Gefahren 49
Atemgrenzwert 20
Atemminutenvolumen 12
Atemruhelage 19
Atemzugvolumen 19
Atmosphäre, physikalische 7
–, technische 7
Atmung 18
Aufstiegsgeschwindigkeit 103
Austauschregeln 98 ff.

bar 5
Barotrauma, Lunge 42
Barotraumen 35
Barometerdruck 8
Beatmung 66, 67
– und Herzmassage 66
„Behaglichkeitstemperatur" 17
„Bends" 47
Bergung aus dem Wasser 63
Beurteilung der Lebensfunktionen 64
Bewußtlose, Lagerung 66
Bewußtlosigkeit 65
Blutdruck 20
Blutkreislauf 20
bottom time 103
Boyle-Mariotte, Gesetz 9
Brillenraum 39
Brillen- und Nasenraum 39
Bronchialobstruktion 23

Caissonarbeit 30
Dalton, Gesetz 12
Dekompressionsregeln 98 ff.
Dekompressionsstufen 102
Dekrompressionstabellen 109 ff.

Dekompressionsunfälle 46, 78 ff.
Differentialdiagnose, Ertrinken 73
–, Lungenödem 73
Druckkammer 87

Ernährung 60 ff.
Erste Hilfe 63 ff.
Ertrinken 33
–, Differentialdiagnose 73
–, „trockenes" 34
Eß- und Trinkgewohnheiten 60

Fettembolie, sekundäre 48
Fliegen und Tauchen 31
Flugreisen 107

Galeazzi-Tauchanzug 4
Gasembolie, primäre 48
–, sekundäre 48
Gefahren, atemgasbedingte 49
–, temperaturbedingte 55
Gehörgang, äußerer 35
–, –, Entzündung 60
Gelenke 47
Gerätetauchen 5
Gesamtdruck 9
Gesetz von Boyle-Mariotte 9
– von Dalton 12
– von Henry 12
Grundzeit 103

Hautemphysem 43
Hautinfektion 60
Haut-Muskel-Gelenkssymptome 82
Haut, Taucherflöhe 48
–, Trockenanzug 45
Helmtauchen 28
Henry, Gesetz 12
Herzfrequenz 20, 26
Herzmassage 66, 68
Höhenlage, Änderung 106
– Dekompressionstabellen 115 ff.
Hörvermögen 16
Hohlräume des Körpers 21

Hyperventilation 20
Hyperventilationssyndrom 55

Immersionsschock 34
Innenohrschädigung 49

Kälteschäden 56
Keilbeinhöhle 22, 41
Kieferhöhlen 41
Körper, Hohlräume 21
Körperhygiene 60 ff.
Körperschwere 14
Kohlendioxydvergiftung 52
Kohlenmonoxydvergiftung 53
Knochen 47
Knochensymptome 82
Kondensation 17
Konduktion 17

Lebensfunktionen, Beurteilung 64
Löslichkeit von Gasen 14
Luftembolien 44
Luft, Verbrauch 11, 20
–, Zusammensetzung 7
Lungenautomaten 29
Lungenbläschen 22
Lungenödem, Differentialdiagnose 73
Lungenriß, peripherer 43
–, zentraler 43

Magen-Darm-Trakt 23, 45
Medialstinalemphysem 43
Mittelohr 35
Muskeln 47

Nasenraum 39
Nervensystemsymptome nach mehr als 48 Stunden 81
Nervensystemsymptome nach Lufttauchgängen in 10–50 m Tiefe 78
– – in mehr als 50 m Tiefe
Nesselfieber 58
Newton 5
Normalatmosphäre 7
Normaldruck 8
„Normal-Liter" 12
Nullzeiten 99

Oberflächenintervall, 100% O_2 106
Oberkieferhöhlen 21
Ölvergiftung 54

Panikerscheinungen 54
Panzeranzug 4
Pascal 7
Paukenhöhlen 21
physikalische Atmosphäre 7
Pneumothorax 43
Prinzip von Archimedes 14

Quecksilbersäule 7

Relativdruck 9
Residualkapazität, funktionelle 19
Residualvolumen 19
Rettungsmaterial, tauchmedizinisches 87

Salzwasseraspiration 33
Sauerstoffmangel 52
Sauerstoffverbrauch 20
Schädelhöhlen 21
Schnorchelschwimmen 5
Seewassersäule 7
Sehvermögen 15
–, Veränderungen 15
Siebbeinhöhlen 21
Siebbeinzellen 41
Sprechvermögen 16
Stimmritzenverschluß 23
Stirnhöhlen 21, 41
Strahlung 17
stufenweises Abtauchen 105
Süßwasseraspiration 33
Süßwassersäule 7

Taucharten 4
Tauchen, Atemanhalten 5
–, Bergseen 31
–, Fliegen 31
–, Unterseeboot 4
Taucherflöhe 48
Taucherprobleme von Frauen 58
Tauchgänge mit Dekompression 104
– innerhalb der Nullzeit 104
tauchmedizinisches Rettungsmaterial 87
Tauchtauglichkeit 87
Tauchtiefe 103
Tauchunfälle, allgemeine Regeln 72
Tauchzeit 103
technische Atmosphäre 7
temperaturbedingte Gefahren 55
Temperaturempfindung 17

Torricelli 8
Tod im Wasser 34
– nach Wiederbelebung 35
Totalkapazität 19
Totraumvolumen 27
Trinkgewohnheiten 60
Trockenanzug 45

U-Boot, Notaufstieg 30
Überdruck 9
Unterkühlungen 85
Unterseeboot, Tauchen 4

Verdunstung 17
Verletzung durch Pflanzen 58
– durch Tiere 58
Vitalkapazität 19

Wärmestauung 57
Warzenfortsatzzellen 22, 40

Zähne 42
Zentralnervensystem 48

H. Matthys

Pneumologie

1982. 169 Abbildungen, 64 Tabellen.
XV, 502 Seiten
DM 128,-. ISBN 3-540-11131-X

Inhaltsübersicht: Einleitung. – Klinische Untersuchungsmethoden. – Radiologische und nuklearmedizinische Untersuchungsmethoden. – Lungenfunktionsuntersuchungen. – Optische und bioptische Untersuchungsmethoden. – Symptome, Syndrome, pathophysiologische Begriffe. – Krankheiten durch Änderungen des Umgebungsdrucks. – Erkrankungen der oberen Atemwege. – Erkrankungen der unteren Atemwege. – Lungenparenchymkrankheiten. – Lungengefäßerkrankungen. – Thoraxwanderkrankungen. – Pleuraerkrankungen. – Mediastinalerkrankungen. – Atemregulationskrankheiten. – Besondere Therapieformen. – Sachverzeichnis.

In diesem Buch werden die Erkrankungen der Atmungsorgane aus der Sicht des klinisch tätigen Arztes umfassend dargestellt. In straffer Form wird das gesamte Fachgebiet der Pneumologie auf dem neuesten Wissensstand abgehandelt. Neben einem einführenden methodischen Teil werden die Atemwegs-, Lungenparenchym- und Lungengefäßerkrankungen beschrieben, gefolgt von den Pleura-, Thorax- und Mediastinalerkrankungen. Darüberhinaus werden Atemregulationsstörungen und spezielle therapeutische Kapitel einschließlich Definitionen, Symptome und Syndrome unter besonderer Berücksichtigung der Aerosol-, Beatmungs- und Sauerstoff-Therapie besprochen sowie tauch- und höhenmedizinische Probleme berücksichtigt. Das Buch dient der Aus- und Weiterbildung von Internisten und Lungenärzten sowie Ärzten für Allgemeinmedizin und Studenten in den klinischen Semestern.

Springer-Verlag
Berlin
Heidelberg
New York
Tokyo

A. A. Bühlmann

Dekompression – Dekompressionskrankheit

1983. 18 Abbildungen, 32 Tabellen. Etwa 100 Seiten
DM 36,–. ISBN 3-540-12514-0

Dieses Buch enthält eine zusammenfassende Darstellung der in Zürich von 1961–1981 entwickelten Methode der Dekompression, die nicht nur im Überdruckbereich sondern auch bei vermindertem Luftdruck in der Höhe getestet wurde. Dabei wird auch dem Nichtspezialisten eine verständliche Beschreibung gegeben.
Das Buch befaßt sich mit der Inertgasaufnahme und -abgabe sowie der Toleranz der verschiedenen Organe bei Änderung des Umgebungsdruckes. Die experimentelle und praktische Erfahrung und die empirisch festgestellten Toleranzen werden mit allgemein anerkannten physikochemischen Faktoren wie Molekulargewicht und Löslichkeitskoeffizienten der geatmeten Gase erklärt.

Offshore Medicine

Medical Care of Employees in the Offshore Oil Industry

Editor: **R. A. F. Cox**
With contributions by numerous experts

1982. 31 figures. XVI, 208 pages
Cloth DM 80,–. ISBN 3-540-11111-5

Offshore Medicine is the first book specifically designed to help the doctor who has to provide medical care for the expanding offshore oil industry. It describes the pattern of work offshore and the medical problems which it generates. The special features of offshore medical care are covered along with the training of medics, the design of hospital facilities, and the provision of back-up services to cope with them. There are special chapters on diving, hygiene and catering, dentistry and legal aspects.
In this book, the engineers will find how to design a hospital on an offshore rig, the doctor how to organise a medical service for the drilling and production crews, the administrator how to formulate a disaster scheme, the Government inspector how to investigate an accident, the lawyer what laws apply with regard to health and safety, the safety officer what first aid training is needed, the diving supervisor how to treat decompression sickness, the offshore medic how to organise his hospital, and the catering manager how to provide the best and most hygienic catering services.

Springer-Verlag
Berlin
Heidelberg
New York
Tokyo

MIX
Papier aus verantwortungsvollen Quellen
Paper from responsible sources
FSC® C105338

If you have any concerns about our products,
you can contact us on
ProductSafety@springernature.com

In case Publisher is established outside the EU,
the EU authorized representative is:
Springer Nature Customer Service Center GmbH
Europaplatz 3, 69115 Heidelberg, Germany

Printed by Libri Plureos GmbH
in Hamburg, Germany